剛毛をたくわえたゴエモンコシオリエビ（JAMSTEC 提供）

マリアナ海溝で採取された
カイコウオオソコエビ
（JAMSTEC 提供）

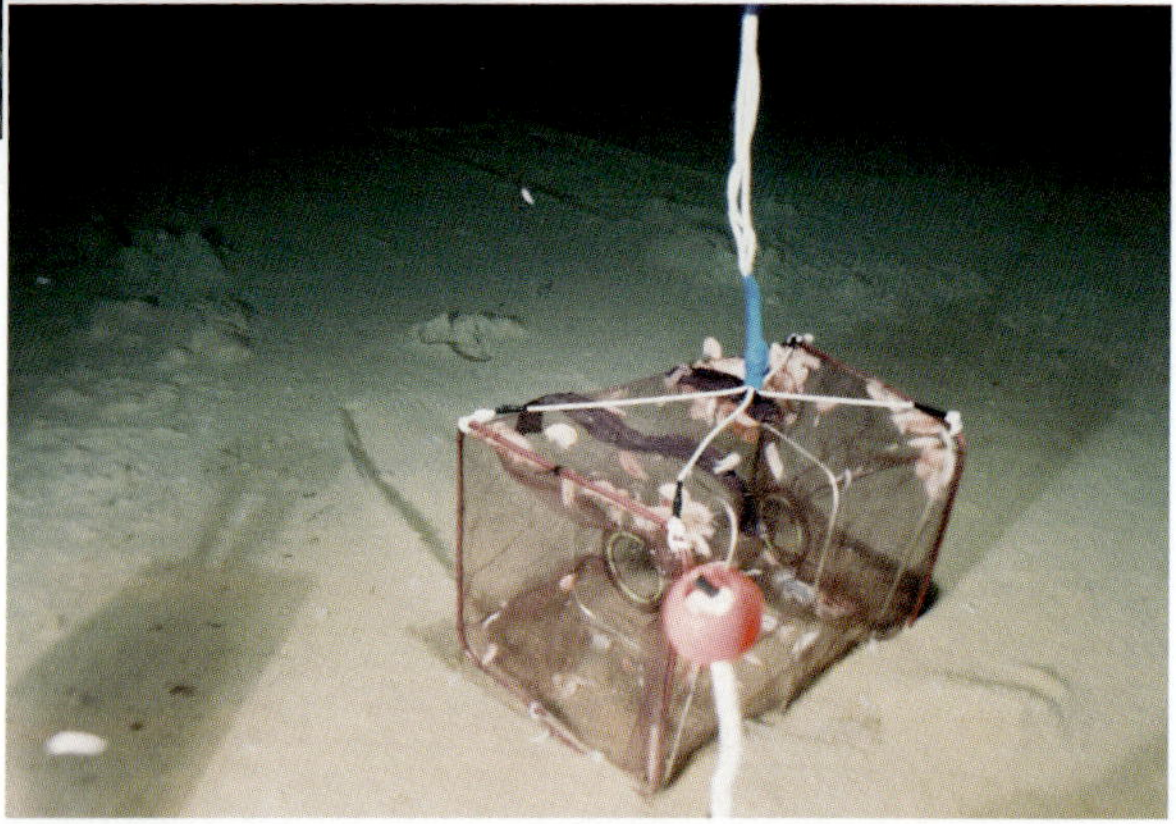

沖縄県鳩間海丘で撮影された
ゴエモンコシオリエビの群集（JAMSTEC 提供）

ユメナマコ（JAMSTEC 提供）

東大研究紀要に掲載された
ユメナマコの挿絵（Mitsukuri, 1962）

優雅に泳ぐユメナマコ（JAMSTEC 提供）

駿河湾海底を泳ぐラブカ（JAMSTEC 提供）

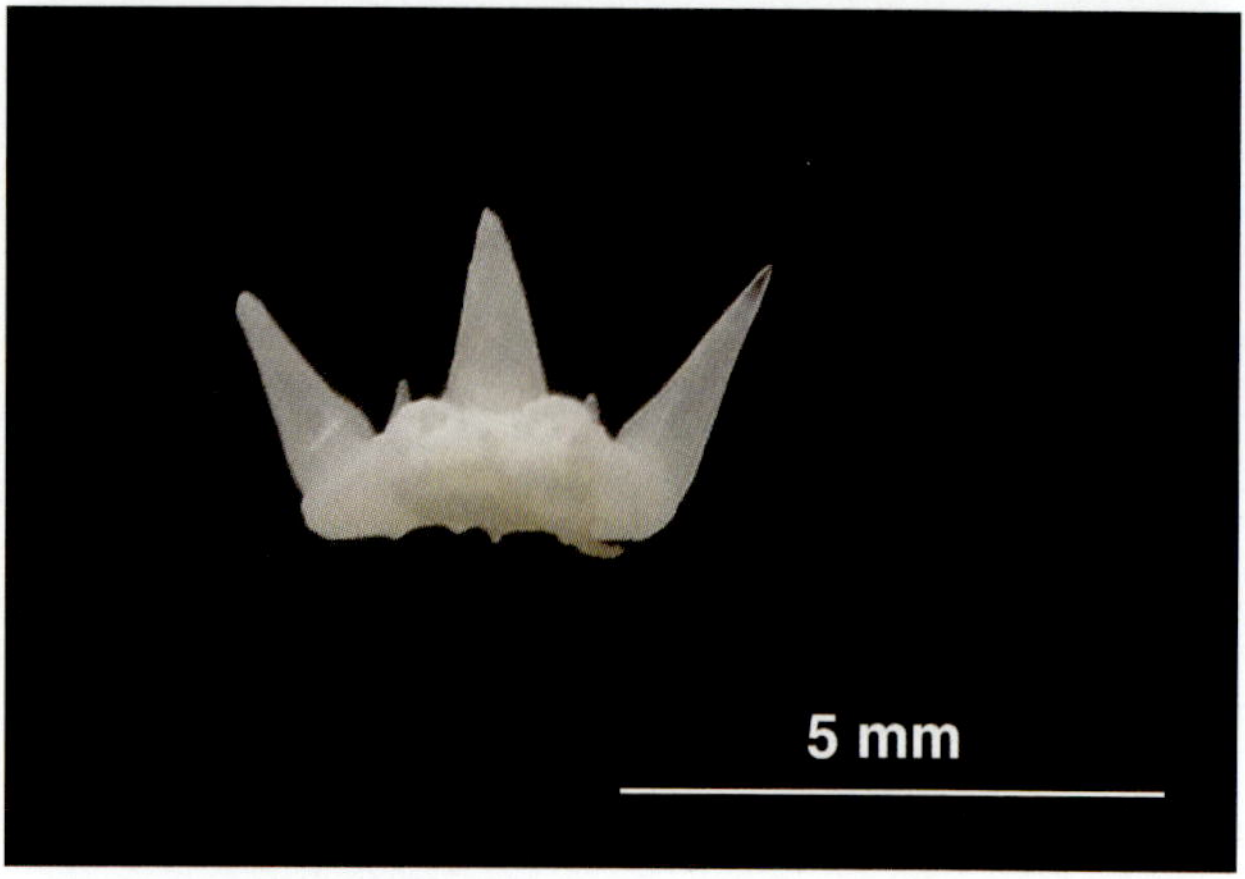

ラブカの三つ又型の歯冠

オオグチボヤ（JAMSTEC 提供）

静岡県初島沖の海底で撮影された
チューブワーム（JAMSTEC 提供）

シマイシロウリガイが採取されるところ。
エゾイバラガニ属の一種も見える（JAMSTEC 提供）

熱水を激しく噴きだすチムニー（JAMSTEC 提供）

花火が開いたようなウミユリの群集（JAMSTEC 提供）

深度 2647 メートルの海底に咲く“海のユリ”
(JAMSTEC 提供)

SHODENSHA
SHINSHO

超ディープな深海生物学

長沼 毅
倉持卓司

祥伝社新書

トビラの絵／北村雄一

はじめに

私が深海生物の研究を始めたころ、この手の本といえば洋書ばかりで、和書はまだほとんどありませんでした。1996年に『深海生物学への招待』を上梓《じょうし》しますが、一般向けとしてはおそらくこれが日本初の深海生物書でした。深海という未知の世界がどういう環境なのか、そこにどんな生物が住んでいるのか、そして、本書にも登場する異形の深海生物「チューブワーム」を例として、植物的でもないし動物的でもない、それまで知られていなかった特異な生き方を紹介しました。

その後20年近くのあいだに、読みものだけでなく、図鑑や写真集、DVDなど、数えきれないほどたくさんの〝深海モノ〟が出ました。本書の各章トビラにすばらしいイラストを描いてくれた北村雄一《きたむらゆういち》さんも、ご自身で10冊以上の深海生物本を出しておられます。一般の方々のあいだで深海生物がポピュラーになり、深海生物学へのサポーターが増えたことは、その研究者として素直にうれしいです。

しかし一方で、「いまの状況でいいのだろうか」という疑問がまったくないわけではありませんでした。売る側としては、「変わってる」「かっこいい」「キモチ悪い」という〝アイ・キャッチング（人目を引く）〟のところだけを前面に出したくなります。買う側も、そういう本しかなければ、ビジュアルだけを楽しんでオシマイということになります。

でも、それだけでは深海生物の真のおもしろさは、永遠に分からないのです。文字だらけの本を読むのは時間も労力もかかりますが、深海生物の真の姿を知って楽しむには、やはりキチンとした本と時間をかけて向きあうのがいちばんの近道です。私自身もそうやって学んできたので、皆さんにもそれをおすすめしたいのです。

深海生物の真のおもしろさは、その「進化と生態」の理解にあります。

深海生物はしぶしぶと深海に追い出された〝敗者〟であるように思えます。が、そうではなく、むしろ積極的に進化して深海環境に適応したものが、ほかの生物が入って来られない深海という場所に安住の地を得た——そう考えることもできます。

しかし、難解な「進化と生態」の話を一般の方々に読んでもらうためには、伝える側の技量が必要になります。進化は「ひとつの種《しゅ》から新しい種」が出現することであり、古い種が滅んで新しい種が栄えるのは、その生態が環境に適応しているか否かで決まるのですが、このときの「種」と「適応」の概念をできるだけ正確に、かつ平易でおもしろく伝えることは、たいへん難しいからです。

それができるのは、特別な訓練を積んだ生物学者だけです。現地でのフィールド調査をする「生物分類学者」――いわゆる「ナチュラリスト」（しいていえば「博物学者」）です。

私自身もフィールド調査をします。学生時代には「生物学は分類に始まり、分類に終わる」と教わりました。とはいえ、かならずしも「分類学」が得意ではありません。私の学生のころは、遺伝子とかDNAとかゲノムとか「分子生物学」の興隆期だったこともあって、伝統的な分類学なんてカビ臭く見劣りして感じられた時代でした。当時は、そして、いまでも〝分類より分子〟という風潮なのです。

でも、「進化と生態」について〝ほかの誰かに伝えられるほど〟きちんと理解するには、やはり分類学の知識が絶対に必要です。そのうえ、進化では「化石」をきちんと見る目、すなわち「古生物学」の知識も必要です。北村雄一さんはそういう目をもっていますから、（深海生物モノだけでなく）恐竜モノの本を出していますし、分類学にも詳しいので進化モノの本も出している〝超プロ〟です、ただのイラストレーターではありません。

そして、共著者である倉持卓司《くらもちたかし》さん――私が知るかぎり、彼こそ、いま生きている日本人の中で最高のナチュラリストでしょう。はじめて彼と出会ったとき、私は心の中で狂喜乱舞《きょうきらんぶ》したのでした。分類と化石と進化と生態、そして、フィールド調査のすべてに精通している、こんな人物が日本にいたんだ！……と。

倉持さんを得た本書は、それこそ水を得た魚のよう。深海生物の真のおもしろさを〝文字の力〟で皆さんにお届けします、どうぞお楽しみください。

2015年1月

長沼《ながぬま》　毅《たけし》

超ディープな深海生物学――目次

2章　カイコウオオソコエビ——世界にあふれるヨコエビ

3章　センジュエビ——深海のエビ

4章　ユメナマコとクマナマコ——泳ぐナマコ、歩くナマコ

5章　クダクラゲ——赤い胃袋をもつクラゲ、発光するクラゲ

6章　チョウチンアンコウ——大きなメスと小さなオス

7章　ラブカ――深海のサメ

8章　リュウグウノツカイ――人魚になった深海魚

9章　シロウリガイとチューブワーム――化学合成生物群集

序章　深海に生きるということ

深海は暗黒か

深海と聞いて、みなさんがイメージする〝色〟は、どんな色だろう。暗黒、漆黒《しっこく》といった〝真っ黒〟の世界だろうか。深海という世界が〝暗黒である〟のはほぼ間違いないが、これはあくまでもイメージである。科学的には、深海は光が届かない環境なので、「光源のない深海に色は存在しない」というのが正しい。

色を科学的に説明すると、電磁波のひとつである可視光線が、視覚器官を通じて感知され、色知覚を刺激することにより得られる生物現象である。ただし、ここでは人間にとっての可視光線に限定する。人間の見えない赤外線を見る（感知する）ことのできる深海エビ（67ページ）などは、ここではふくめない。

太陽光が届くのはおおむね水深200メートルまでである。これは人間の眼にとってではなく、植物プランクトンや付着藻類《そうるい》などの光合成生物にとっての話である。もちろん場所によってもっと浅かったり深かったりするが、全体を均《なら》すとおおむね200メートルなのだ。

その意味で水深200メートルからが「深海」（108ページ）であるが、その付近では、わずかながら青色の波長が届く。そのため限られた色彩の世界が存在するが、それ以深になると、みずからが発光して光源とならないかぎり、色は存在しない。

深海生物の体色が、一部の例外を除いて、黒色であったり、白色であったりするのは、浅海帯《せんかい》に棲息《せいそく》する生物とは異なり、光のない環境に棲息することによって現われた適応現象のひとつともいえよう。

魚の体色

魚類は、棲息する環境に適応し、さまざまな体色パターンをもつ。

たとえば、青魚《あおざかな》とよばれるイワシやサバ、サンマは、背面は青色で腹面は銀色である。これは、海の表層に棲息することで、背面は海水の青色、腹面は海の中から見上げた空の色である銀色となり、保護色の役割を果たすためである。これを専門的には「カウンター・シェーディング」という。逆陰影という意味である。

その一方、キンメダイやアコウダイのように水深200メートル前後に棲息する魚類は、青色の波長のみが届く水深においては、「青の世界では赤は見えない」ことから、赤い色をしている。

さらにマンボウは、背面は青みがかった灰黒色《かいこく》、腹面は灰白色《かいはく》の体色をもつ。そのほとんどが海面付近で採集されるため、近年まで、マンボウの棲息水深は海面付近と考えられていた。

しかし、そのマンボウにデータロガーを装着し行動を調べると、ほとんどの時間で水深100メートル前後に棲息し、まれに海面付近まで上昇してくることが分かった。したがって、このマンボウの灰色がかった体色も、ふだん棲息する水深の光環境に適応して得られたものと思われる。

では、ウナギはどうだろう。ウナギの蒲焼きはおいしそうな茶褐色《ちゃかつ》をしているが、生きたウナギの背面は、くすんだ褐色がかった黒色、腹面はくすんだ白色の魚である。これを先に見た人は、おいしそうだという感想をもたないかもしれない。

淡水魚か、海水魚か

ウナギの体色から、棲息環境を推測してみよう。おおまかに考えれば、黒色と白色の体色をした魚なので、先のマンボウと同じく、水深100メートル前後に棲息する魚ということになる。しかし、実際のウナギは河川にもいる。産卵期になると海に降《くだ》って回遊する生態をもつ魚である。

子どものころ、ウナギを川で釣った方も少なくないだろう。実際のところ、ウナギは淡水魚の図鑑に掲載されている。海のない県、長野県のレッドデータにも、絶滅種としてウナギが掲載されている。ウナギは、一般的には淡水魚とみなされているのである。

しかし、ウナギは昔から、卵をもった個体が採集されたことがなかったため、どこで生まれ育つのか謎であった。かのアリストテレスでさえ、「ウナギは泥から生まれる」と記したほどである。ニホンウナギの産卵場所がマリアナ海溝付近の海山のそばであることが判明したのは、2009年のことである。現在の科学をもってしても、いまだにウナギは謎の多い魚だ。

よく「ウナギは淡水魚ですか？」と聞かれるのも、それが淡水魚の図鑑に掲載されていて、ほとんど海水魚の図鑑に掲載されることはないからだろう。答えからいうと、ウナギは、淡水魚でも海水魚でもない。この「淡水魚か、海水魚か」という、2つのカテゴリーに強引に押しこめようとする発想が、そもそもの間違いのはじまりである。

ウナギは、海生まれの川育ち、専門的には「海水魚起源の降河回遊魚《こうかかいゆうぎょ》」とするのが正しい。一方、これも食卓の定番であるシロザケに代表されるサケ科魚類は、川生まれの海育ちという「遡河回遊《そかかいゆう》」で、産卵期に河川を遡上し、海洋で成長する生態をもつ。ウナギのちょうど逆である。淡水魚と思いこんでいる魚には、実際は海と河川との間を行き来するものがふくまれている。図鑑などでは「淡水魚・海水魚」という区別をしているが、これはあくまでも便宜的《べんぎてき》な話である。

ウナギは、深海魚?

ウナギの輸入量世界一である日本は、当然のことながら、消費量世界一でもある。この大量消費は、自然界にいるウナギの個体数を減少させる大きな原因に他ならない。そのため日本では、ウナギの養殖事業が、養殖技術の開発初期から着手されていた。これは、世界的に見ても早い。それでも、いまもって完全養殖（卵から成長させる養殖）の商業化にはいたっていない。

いまのウナギの養殖は、河川を遡上《そじょう》する前の「レプトケファルス」とよばれる、ガラスのように透明な姿の幼魚を採集し、これを養殖場で飼育する手法でおこなわれている。この幼魚は、シラスウナギとよばれ、最盛期には浜値でも高額で取引される。しかし、その資源量は減少し、日本周辺海域だけでなく、海外から輸入して賄《まかな》っているのが現状である。ウナギの価格が高騰《こうとう》し日本人のウナギを食べる習慣がなくなるのが先か、それとも食べるウナギがなくなるのが先かという、冗談のような選択にせまられている。

現在までに解明されているニホンウナギの生態は、マリアナ海溝付近の深海で産み落とされた卵が海流に乗りながら成長し、これが日本周辺海域にたどり着き、河川を上り成長する。そして成熟した個体は、河川を降り、産卵のためにふたたびマリアナ海溝周辺の海域へ向かうというものである。

ほとんどのウナギは、淡水域でとれる。河川に棲《す》む天然ウナギは、川岸に穴をつくり、そのなかに潜《ひそ》む。というわけで、ウナギ釣りは、隠れているウナギにいかにうまくエサを見つけさせ、食らいつかせるかが決め手となる。

ところがウナギは、実は海でもとれる。まれではあるが、漁師の網《あみ》に偶然かかるのだ。ただ、海でとれる数は、淡水域で採集される数に比べればずっと少ない。このことが、ウナギは淡水魚であると誤解されてしまう原因になっているのだろう。

近年ようやくウナギの海での生態が解明されてくると、あらためてウナギが淡水魚とする認識が間違いであることが分かった。海に棲むウナギは、日中水深600メートル付近を泳ぎ、夜間には水深300メートル付近にまで上昇する。浅海を泳ぐことはほとんどないのである。まさしく、ウナギは深海魚である。

この棲息深度なら、背面が黒く、腹面はくすんだ白色という体色の説明がつく。またこの結果は、遺伝子を用いた分子系統解析の結果とも一致した。ニホンウナギをふくむウナギ科の魚類は、深海魚の代表のような奇妙な形をしたシギウナギやフクロウナギ、タンガクウナギといった種類と共通の祖先から進化した種群であるとされる。

では、なぜウナギは何千キロにもおよぶ旅をおこなうのか。この答えは、いまだに分かっていない。ひとつの仮説として、深海魚であったウナギの祖先は、長距離移動という生態を獲得した。そのことによって捕食者や競合する生物の多い海から、捕食者や競合する生物の比較的少ない淡水という環境に棲息の場を移し、生き延《の》びられたのではないかと考えられる。

しかし、本来もっていた生態を完全に捨て去ることはできなかった。産卵には深海という環境を利用しなければいけないという制約が、何らかの理由で残ってしまったため、河川から深海まで数千キロにおよぶ移動をするようになったのだろう。ウナギは、いまも「深海」という、生まれた環境の呪縛《じゅばく》から逃れられない生物なのかもしれない。

1章　ダイオウイカ

——世界最大のイカ

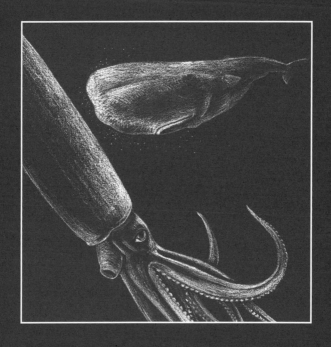

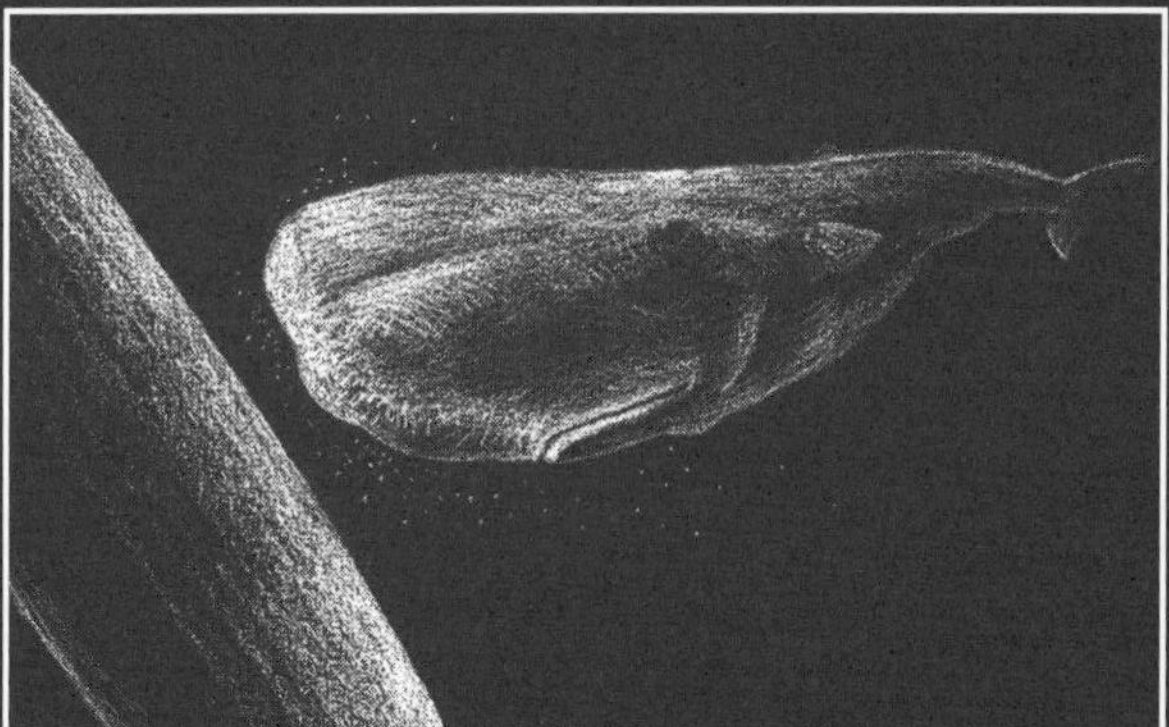

大きなイカ

北欧に、船を沈めるほど大きな「クラーケン」という怪物が海に棲《す》んでいるという伝説がある。SF小説の父ともよばれるフランスの小説家ジュール・ヴェルヌが1870年に発表した『海底二万里』にも、航行中の船を襲う大きなイカ「クラーケン」が登場する。ヴェルヌはおそらく、北欧の伝説であったクラーケンの話をもとにこのくだりを作りだしたのだろう。

クラーケンのモデルと考えられる生物が、この章の主役となるダイオウイカである。世界でもっとも大きな無脊椎《むせきつい》動物のひとつで、腕を伸ばすと18メートルを越える個体が記録されている。水深500メートル以深、深海の中層に棲息《せいそく》すると推測されているが、その生態はほとんど解明されておらず、まれに衰弱した個体や、死んだ個体が沿岸域に漂着すると、怪物的なあつかいで新聞やテレビでとりあげられることが多い。大人の背丈ほどもあるイカが漂着したら、その光景はたしかに奇異である。

ちなみに、ダイオウイカより大きくなるイカ、つまり「真の世界最大のイカ」が別にいる。ダイオウホオズキイカ（ダイオウホウズキイカと表記されることもあるが、植物のホオズキにちなむ命名なので本書ではダイオウホオズキイカとする）がそれであるが、南極海にいるので日本人にはあまりなじみがない。そもそもこのイカについては、まだあまり分かっていないので、ここでは日本近海にもいるダイオウイカに焦点を合わせることにする。

なぜ、ダイオウイカはこれほど大きくなるのであろうか（科学的にいえば、「ダイオウイカは、なぜこれほど大きく〝なれる〟のであろうか」）。これには理由がある。その話をする前に、イカとはいったいどんな生物なのかということから始めよう。

イカを生物学的に説明すると、軟体動物門《もん》のひとつのグループである。「門《もん》」は、動物界や植物界、菌界などの中のグループ分けにおいて、いちばん高いレベルでの〝ひとくくり〟（専門的にいうと「分類群」）だ。このグループ分けは「界《かい》—門—綱《こう》—目《もく》—科《か》—属《ぞく》—種《しゅ》」と細分化されるのが、一般的である。そして、軟体動物門とは、簡単にいうと〝貝の仲間〟である。貝といえば、サザエやアサリなどの貝殻《かいがら》をもつ生き物だけをイメージするかもしれないが、イカは、この硬《かた》い殻を捨てた軟体動物と考えればよい。

イカか、タコか

イカと聞けば、おそらく次に連想するのはタコではなかろうか。このタコも、イカと同じく軟体動物である。イカとタコ、そして「生きている化石」（144ページ）として知られるオウムガイや絶滅種であるアンモナイトをふくめ、これらの生物は、軟体動物の中の「頭足綱《とうそくこう》」というひとつのグループに属している。

これは体の作りが、たとえば人間でいえば上から「頭―胴―足」と並ぶところが、頭足類では「胴―頭―足」という順番になっていることに由来する。タコがハチマキを巻いているイラストを見かけるが、これを生物学的にいうなら、「ハラマキを巻いたタコ」としたほうが正しい。では、イカとタコの違いは何だろう。

よくタコは足が8本、イカは足が10本と考えがちであるが、世の中、そうそう一筋縄ではいかない。どこにも例外というものが存在する。

一般的にイカとタコの〝足〟とされている器官は、生物学的には〝腕〟としてあつかわれている。通常、イカは他の腕よりも長い2本の「触腕《しょくわん》」をもつのだが、タコイカという種には、この触腕が存在しない。したがって、タコイカの腕（足ではない）

の本数は8本である。それでもタコイカは、イカの仲間である。

また、通常8本あるタコの腕が異常な再生をした結果8本以上になり、これまで知られている中では、最高で96本もの腕をもつマダコが記録されている。イカやタコの腕の本数は、このように例外が生じることがある。

イカとタコでは、腕の本数だけでなく、腕にある吸盤もまったく構造が異なる。イカの吸盤は、鋭い歯をもち、噛《か》みつくことにより物をつかむのに対して、タコの吸盤は、その字のごとく吸いつくことにより物をつかむようになっている。ちなみに生きている化石とよばれるオウムガイの腕には、吸盤はなく、みずから分泌する粘液で物をからめてつかむのである。

さらに、「なぜダイオウイカはこれほど大きくなれるのか」という疑問を解く鍵は、実はイカとタコの「生活型」の違いにある。生物の生活型は、水中を漂《ただよ》う浮遊生活をおこなう〝プランクトン〟、遊泳能力をもち水中を移動する〝ネクトン〟、海底を這《は》うように生活する〝ベントス〟の3つに大きく分けられる。

一般的に誤解されることが多いのだが、プランクトンという生物種は存在せず、ほとんど遊泳能力をもたない〝浮遊生活者〟がプランクトンである。顕微鏡がなければ見えないような微細な生物がプランクトンだというのも誤解で、体が大きくても、クラゲやマンボウのような浮遊生活者は、みなプランクトンである。いや、マンボウまでプランクトンというのはさすがにいいすぎで、マンボウは〝プランクトネクトン〟(プランクトン＋ネクトン)か。

ネクトンは、遊泳能力をもった生物で、たとえば魚がそうだ。しかし、ただ泳げるだけではダメで、水の動き、たとえば潮の流れに逆らって泳げる能力が求められる。その意味で、稚魚やエビの多くはプランクトン性である。

イカは、この生活型の分類ではネクトンである。これに対してタコは、ベントスになる。

ただし、この分類に当てはまらない生物も存在する。基本的に底を這って生活する生物だが、若干の遊泳能力をもつ、たとえばカレイやヒラメのような生物をベントネクトン(ベントス＋ネクトン)とするように、厳密に区分すると中間的な生活型の生物が多数存在する。タコも厳密にいえば、いちおう遊泳能力をもつので、ベントネクトンにふくまれるのだが、基本的には海底を這って生活するので、一般的にはベントスとしてあつかわれることが多い。

イカやタコの生活型の違い、つまり棲息環境への適応が、両種群のもつ墨《すみ》の特徴にも見られる。もともとイカやタコが吐く墨は、捕食者(敵)を威嚇《いかく》し、みずからが逃れる役割を果たしている、いわば武器なのであるが、この武器も棲息環境によって使い方が異なってくる。

高い遊泳能力をもち、広い水塊《すいかい》中に棲息するイカの墨は、ムコ多糖類を多くふくんでいるため、粘性《ねんせい》が高く拡散しにくい。そのネバネバの墨で自分の影武者をつくるのだ。いや、墨武者というべきか。水中で敵に襲われた際に〝墨武者〟を出現させることにより、相手を混乱させ、そのスキに逃げるという役割を果たしている。忍者の使う〝変わり身の術〟である。

これに対して、海底に棲息するタコは、粘性が低く拡散しやすい墨をもつ。こちらは海底の岩の隙間《すきま》など、いくらでも身を隠すところがあるので、数秒の間、相手の眼をくらませて、そのスキに隠れればよいからである。こちらは、忍法〝隠れ身の術〟

（雲隠れの術）のごとき煙幕の役割といえばよいだろうか。

余談になるが、スパゲッティ・ネーロは、イカスミをソースに使ったスパゲッティである。しかしタコスミをソースに使ったスパゲッティは見たことがない。成分だけを考えると、タコスミのほうがアミノ酸などのうまみ成分を多くふくんでいるのだが、イカに比べて墨の量が少なく、構造的に墨袋をとりだしにくいことや、墨そのものが前述のように拡散しやすい粘性の低い性質であるため、料理には向かないということらしい。タコスミ・スパゲッティがあれば、一度食べてみたいものである。

さて、この生活型の差こそが、イカとタコの体のサイズの差を決めるひとつの原因と考えられている。

ネクトンであるイカは、おもに海洋の中層に棲息する。そのため空間的に体のサイズを制限する要因はほとんどなく、ダイオウイカのように18メートルを超える個体が存在できる。これに対して、タコはベントスであり、海底で物陰や岩の隙間に隠れるという生態をもつことから、棲息環境に体サイズを制限する要因がある。世界最大のタコといわれているミズダコですら、最大記録でも9メートルほどにしかなれないいいいのはそのためだろう。

種全体を見比べても、イカは、ソデイカ、ニュウドウイカ、ダイオウホオズキイカなど、巨大になる種類が多く存在するのに対して、タコでは大型になる種類は少ない。この体の大きさの差は、棲息環境に成長を制限する要素がどれくらいあるかが、ひとつの原因となっているのである。

ただし、広い環境に棲息していれば必ずしも大きくなれるというわけではない。大きくなることにより、エサが大量に必要になったり、捕食者に襲われやすくなったりするからだ。また、体内の循環器系をはじめ、体の各器官が大きくなることにより生じる生理機能の拡張も必要となってくる。これらの要因に対して、生態的にも生理的にも適応できた結果、ダイオウイカのような巨大生物が存在できるのである。

このように、なぜダイオウイカがこれほど大きくなれるのかという疑問のひとつの答えは、深海の中層という広い棲息環境に進出できたことを疑う余地はない。しかし、その空間に、ダイオウイカがどのような戦略をもって生態的に適応したのかは、いまだに謎のままである。

なぜ巨大な眼をもつのか

ダイオウイカの眼は、胴の長さが2メートル近い個体の場合、直径30センチ近くにもなるとされる。これを人間の比率に当てはめると、身長170センチの成人男性が直径26センチもの眼をもつことになる。まるでゲゲゲの鬼太郎の目玉オヤジさながらである。ダイオウイカ以外にも、深海に適応した頭足類には、オオメダコのように、浅海に棲息する種類に比べ、格段に大きな眼をもった種類が見られる。

ただし、このように眼が大きくなる進化は、一部の頭足類にかぎり見られる傾向で、深海魚同様、頭足類全体では小さな眼をもつ適応進化のほうが多く記録されている。ダイオウイカの大きな眼は、特殊な進化を遂《と》げた事例といえるかもしれない。

ダイオウイカの眼の謎を解き明かす前に、生物の眼について少し考えてみよう。

地球の誕生を今からおよそ46億年前とすると、生物の誕生はおよそ38億年前と考えられている。その後、先カンブリア紀が終わるおよそ5億4100万年前（プラスマイナス100万年）まで、33億年もの長い間、地球上に存在した多くの生物は、原核《げんかく》生物とよばれる単純な構造からなる生物が主体であり、私たち人間もふくめた真核《しんかく》生物は、ゆったりとした進化を続けていた可能性が化石記録から分かっている。

　ところが、カンブリア紀の最初のおよそ500万年間に、突如として生物種の多様性が爆発的に増えた。これを「カンブリア紀の大爆発」という。この時期に、生物の〝超・多様化〟をうながす、どんなイベントがあったのだろうか。

　この答えは完全に解明されたとはいいがたいが、1998年、単純かつ明瞭な仮説が古生物学者のアンドリュー・パーカーにより提唱された。「光スイッチ仮説」である。これによると、カンブリア紀に「発達した眼」をもった生物が出現したことによって、捕食能力が向上した生物が現われた。やがて、硬い甲殻《こうかく》や外被《がいひ》で防護能力を高めたものや逃避能力を高めたものが生き延びやすくなった。こうして生物の淘汰《とうた》が起こり、飛躍的に種の〝超・多様化〟が進んだ——。いたってシンプルではあるが、たしかに理にかなっている。

「物を見る」という視覚の原型は、原核生物の眼点のように光を感じる器官から進化したと考えられる。原始的な視覚器官（眼）は、ただ光をとらえる機能しかもち合わせていなかったと考えられるが、原始の地球上に存在した生物にとっては、明るいか暗いかを判断できるだけでもより有利に働いた。このようなわずかな差が、地質学的な長い年月の間に環境の変化と相乗して生物進化を導くだけの原動力のひとつになったのだろう。

現存する生物の視覚器官は、大きく2種類に分類できる。ひとつは、海洋生物の多くに見られる皮膚の表層部をしめる表皮の一部が起源と考えられる視覚器官、もうひとつは、人間をふくむ脊椎動物に見られる脳の一部が起源となる視覚器官である。

たとえばミミズには、いわゆる眼はない。しかし、ミミズに光を当てると、のたうち回ったり、体を縮《ちぢ》めたりする。明らかに光に対して反応している。これはミミズの表皮細胞に散在性視覚器があり、体で光を感知しているからなのである。おそらく原始的な視覚器とは、このようなものであったのだろう。ミミズにあるような散在性視覚器が、ある特定の部位に集まることにより「眼点《がんてん》」とよばれる器官に進化したと考えられる。

眼点は、刺胞《しほう》動物のクラゲや扁形《へんけい》動物のプラナリアなどに見られ、これに光が当たることにより反応をしめす。そして、イカやタコをふくむ軟体動物は、実は、眼の進化の研究に欠かせない超重要生物群でもある。現在知られている軟体動物門の種類は10万種とされている。これは、生物種の多さにおいて、地球上で3番目である。ちなみに、もっとも多いのは昆虫類であり、その次は線虫《せんちゅう》類と考えられている。

これだけ豊富な種類を擁《よう》する軟体動物門は、〝眼のデパート〟ともいいかえることができそうなくらい、多種多様な視覚器をもっている。軟体動物の中でももっとも原始的と考えられる視覚器は、潮間帯《ちょうかんたい》（1日2回の潮で干出《かんしゅつ》する波打ち際）にへばりついているカサ型巻貝（カサガイ）の仲間に見られる。杯状眼《はいじょうがん》とよばれる、中央がすり鉢状にくぼんだ視覚器である。その中央部がくぼんでいることで、どの方角から光が来ているかを感知することができる。

磯のアワビの片思い――。二枚貝のような平べったさでありながら、実はサザエが平べったくなったような巻貝のアワビ類は、口の周《まわ》りに窩状眼《かじょうがん》とよばれるすり鉢状の視覚器がある。これはただのすり鉢ではなく、ちょっとした〝くびれ〟がある。このくびれを使うことにより、光をしぼって調整できる。光の明暗ではなく、焦点を合わせることで像を結べる、すぐれものの眼だ。

これがさらに進化したのが、山伏《やまぶし》が吹くことでおなじみのホラガイの眼である。水《すい》晶体眼《しょうたいがん》とよばれ、ヒトの眼と同じく水晶体、いわゆるレンズをもつことにより、網《もう》膜《まく》で像を結ぶことができる。

また、原始的な形態を現在にとどめるオウムガイの眼は、ピンホール眼とよばれ、イカやタコと異なり水晶体を欠くが、ピンホールカメラとほぼ同じ原理で、しぼりにより鮮明な像を結ぶことができると考えられている。

そして真打《しんうち》登場。イカやタコの眼はカメラ眼ともよばれ、脊椎動物とほぼ同様の構造である。水晶体にくわえて、角膜《かくまく》もある。中心部には瞳孔《どうこう》があり、虹彩《こうさい》でその大きさを調節して網膜に入る光の量を調節することができる。原理的には、ヒトの眼とほぼ同じといっても過言ではないだろう。さらにイカやタコの眼の構造は、視細胞《しさいぼう》が網膜の外側にあり、盲点が存在しないため、ある意味では人間の視覚器よりもすぐれた器官といえるかもしれない。

軟体動物の眼（皮膚起源）の進化は、われわれ脊椎動物の眼（脳起源）とはまったく別に進化を遂《と》げたことによるものだが、結果だけを見ると、視覚器はイカ・タコと人間が同じような構造の器官となった「収斂《しゅうれん》進化」（167ページ）のひとつの事例である。

イカやタコなどの頭足類は、かなり進化した視覚器をもっていることが分かるが、その中でも深海に棲息する頭足類は、共通して小網膜細胞という、光を感知する網膜がいちじるしく発達している傾向が認められる。その逆に、視神経には退化傾向が認められる。つまり、像を結ぶことよりも、よりわずかな光を感知できるように特殊化する傾向が見られるということらしい。

ダイオウイカの眼は、深海のわずかな光を感知するために、小網膜細胞を発達させるだけでなく、光を受容する器官、すなわち眼そのものを大型化させ、よりわずかな光でも識別できるように進化した。その結果、異常ともいえる大きな眼をもつことになったと考えることができるだろう。

ダイオウイカは、この大きな眼を使い、海洋の中層から表層のほうを眺め、わずかな光の差を感知して、エサとなる魚類や甲殻類を探すと同時に、捕食者であるマッコウクジラなどの鯨類から身を守っていると推測される。

ダイオウイカは、1種類しかない？

深海の中層に棲息するダイオウイカの生態は、謎だらけである。それ以前に、ダイオウイカとは、いったいどの種類をさすのかという、生物学のもっとも基本的な問題が解決されていない。ごく最近まで多くの研究者が、太平洋に棲息するダイオウイカ属の種類を〝大王〟のダイオウイカ、大西洋に棲息するダイオウイカ属の種類を〝帝王〟のテイオウイカ（タイセイヨウダイオウイカ）と、それぞれ別の種類としてあつかっていたほどである。なぜ、このようなことが起こるのか。一般には大きな生物ほどよく調べられていると思われがちだが、そうとも限らない。

ダイオウイカに関していえば、多くの漂着個体や目撃例は記録されているが、これまで生きた状態で採集されたことはほとんどなく、死後時間がたって、かなり腐敗したものが海岸に漂着して記録されている例がほとんどである。研究に用いることのできる標本はほとんど存在しない。さらに、イカのように体が軟《やわ》らかい生物は、保存方法などに制約があるため、標本として残りにくいし、大型種を標本として保管するにはスペースの問題がある。

これと同じようなことが多くの大型の海産動物についてもいえる。たとえば、大型魚類の代表であるマンボウについても、近年の研究結果から、日本近海にはマンボウとウシマンボウの２種類が存在していることが判明した。

したがって、世界中を探しても、研究に満足に使えるダイオウイカの標本というのは数えるほどしか存在しない。そのため、研究者によって見解は異なるが、ダイオウイカ属にふくまれる種類は、世界の海洋から20種類が記録されている。

日本近海でも、明治時代に第一大学区医学校（東大医学部の前身）に招かれて、日本ではじめて動植物学を講義したドイツ人御雇《おやと》い教師のヒルゲンドルフが、当時、江戸の魚市場で手に入れたとされる標本をもとに新種として発表した *Architeuthis martensii*（Hilgendorf, 1880）と、東京大学の箕《み》作《つくり》佳《か》吉《きち》と池《いけ》田《だ》隼《はや》人《と》が１８９５年に東京湾で採集した標本をもとに、ドイツ人のプフェファーが新種として発表した *Architeuthis japonica*（Pfeffer, 1912）の２種類が記録されている。これらはおもに外部形態と解剖学的な研究にもとづいて新種記載されたものである。

そんな歴史的背景があるところに、つい最近の２０１３年にひとつの興味ある論文が発表された。大西洋、太平洋の各海域から採集されたダイオウイカ属43体のミトコンドリアDNAの塩基《えんき》配列を決定し、類似度を比較したところ、いずれの海域の個体もほとんど差がなかった。これにより、ダイオウイカは、世界の海洋に1種類のみが広く分布し、海流により分散している可能性が示唆されたのである。

実は、以前からダイオウイカは世界に1種類しかいないのではないかという研究者も少なからずいたのだが、確たる証拠は見つかっていなかった。今回は、従来の外部形態や解剖学的な研究結果ではなく、ミトコンドリア遺伝子の一部を用いたアプローチの結果なので、さらにゲノムワイド（全ゲノム的）な研究結果を待つ必要がある。

ダイオウイカが1種類しか存在していないとする考えには、いくつかの疑問がある。たとえば、日本近海から報告されているダイオウイカは、最大でも外套長《がいとうちょう》（胴長）1・8メートル前後、触腕をふくめても6・5メートルほどにしかならない。しかし、オーストラリア近海から記録されているダイオウイカは、外套長2メートル、触腕をふくめると18メートルにも達するとされている。海域によってサイズが変わる可能性は否定できないが、これほどまで大きな差が同一の種類に見られるのだろうか。ダイオウイカの分類に関しては、全ゲノム解析や「飼育」チャレンジもふくめて、もう少し慎重に考える必要があるだろう。

マッコウクジラvs.ダイオウイカ

ダイオウイカの天敵として、深海まで潜《もぐ》ることのできるマッコウクジラがあげられる。実際、マッコウクジラの体表に、ダイオウイカのものと推測される吸盤の吸いつき痕《こん》が報告されているので、マッコウクジラとダイオウイカが海の中で遭遇しているのは確かである。

一説には、マッコウクジラがダイオウイカを求めて深海まで潜行するというが、マッコウクジラの胃の内容物を調べてみると、ダイオウイカばかりでなく、アカイカなど複数種の頭足類が検出されることから、マッコウクジラがかならずしもダイオウイカのみを求めて深海へ潜っているのではないということが分かる。

ダイオウイカだけを狙《ねら》ってか、あるいは他のイカも求めてなのかはさておき、マッコウクジラはなぜ深海に潜るのか。ひとついえることは、マッコウクジラの祖先はかつて、浅海で、他のハクジラや大型のサメ類とのエサをめぐる生存競争になんらかの原因で敗れ、他の鯨類やサメ類がほとんど利用していなかった深海をエサ場として選んだということである。その適応進化の結果、一般的な鯨類の潜行可能な深度が水深200~300メートルなのに対して、その10倍にもあたる水深2000メートル以上も潜行する能力を得たのだろう。

ではイカは、クジラの襲撃に対して、ただなすすべなく食べられるだけなのだろうか。

先述したように、ダイオウイカは、大きな眼を発達させることにより、かなり遠くからせまりくるクジラを感知し、捕食を逃れるという生存戦略をとっていると考えられるし、また、襲われたとしても、マッコウクジラの皮膚に吸盤のあとが残るほど激しい抵抗をしているのだから、ダイオウイカはけっして無抵抗で捕食されているわけではなさそうである。なかには、ダイオウイカとの格闘に敗れて海底に没したマッコウクジラもいるのではないだろうか。ただ、こういう〝負けクジラ〟は人間の目につかないだけのことかもしれない。

吸盤と似たような〝対クジラ兵器〟は、より大型のダイオウホオズキイカにも見られる。このイカは、南極周辺海域に棲息し、触腕をふくめると20メートルに達するとされる。ダイオウイカをもしのぐ巨大なこのイカは、ダイオウイカとは異なり、触腕に吸盤がほとんどない代わりに、長さ5センチ近くにもなる「かぎ爪《づめ》」をもち、このかぎ爪を自在に回転させて獲物《えもの》や敵の体を深くえぐる。天敵のマッコウクジラも例外ではない。

深海での生存に適応するための形態変化は、このようにクジラとイカの間にも認められる。食べられることにより、より食べられにくい生態や形態にゆるやかに進化してきたのだろう。

ダイオウイカの味

ダイオウイカは、日本周辺海域にもたびたび死骸や衰弱した個体が漂着し、新聞やテレビのニュースでとりあげられる。すると、記者からよく受けるのが、「このイカ食べられますか？」という質問である。深海のイカをふくめ、外洋性のイカ類は、一部の種類をのぞき、漁獲の対象とはされない。その理由は〝マズイ〟からだ。

イカ類の潜在的な資源量は、マッコウクジラをはじめとする鯨類、大型のサメ類の主要なエサとなっていることから、推定数億トン以上にものぼるはずである。少なくともクジラやサメは好んで食べているのだから、これを人間が活用できるとしたら、食糧問題の解決の糸口となりそうなものだが、そう簡単にことは運ばない。

ダイオウイカの体の筋肉を分析した結果、90〜92パーセントが水分であり、残りは窒素《ちっそ》化合物とわずかなタンパク質からなることが分かった。しかも、窒素化合物の半分以上はアンモニアである。イカ類は体の浮力を大きくするために、大量のアンモニアを体内に蓄積する種類が多い。

ダイオウイカのアンモニア（塩化アンモニウム）は、人間にはエグ味として感じられるので、それが私たちの食糧として好ましいとは、とても考えられない。近い将来、人類が食糧難になったとしても、残念ながら、ダイオウイカが食用として積極的に活用される可能性は低いだろう。

日本と縁の深いダイオウイカ

ダイオウイカの生態については、近年、潜水船や最先端の調査機器を駆使した研究が進められているが、そうはいっても、ほとんどは謎のままである。クラーケンの正体でもある巨大イカは、マスコミの宣伝により種名だけがひとり歩きをして、解明が追いついていない。

ダイオウイカの生きた姿が世界ではじめて撮影されたのは、２００４年になってからで、それは日本の小笠原《おがさわら》諸島父島《ちちじま》沖だった。

ちなみに、その10年ほど前、ダイオウイカの生態写真であるとする1枚の写真が紹介されたことがあった。ダイバーと、その直上に大きなイカが写っていたのだが、これは１９９３年に出版されたヨーロッパの貝類図鑑に掲載された1枚である。その後、この写真の撮影場所は南日本であり、そこに写っていた〝イカ〟は、広角レンズによって誇張されたニュウドウイカという、イカ界で3番目に大きい別種の巨大イカであることが判明した。しかし、この事実が分かるまで、これが世界唯一のダイオウイカの生態写真と信じられてきたのである。

日本周辺海域では、ダイオウイカがたびたび漂着し話題となるだけでなく、小笠原沖でダイオウイカの死骸を摂餌《せつじ》するヨシキリザメが目撃されるなど、断片的な記録は数多く報告されている。

1926（大正15）年に出版された北隆館《ほくりゅうかん》の『日本動物図鑑』には、日本の頭足類の先駆的な分類学的研究をおこなった佐々木望《ささきまどか》の執筆で、「だいわういか」の説明があり、その最後に、「世界最大ノ烏賊《いか》族ニシテ學会ニ其《その》名高シ。興行物トシテ歓迎サル」と記されている。100年近く過ぎた現在も人間の興味はそれほど変わりないことが、うかがい知れよう。

2章　カイコウオオソコエビ

——世界にあふれるヨコエビ

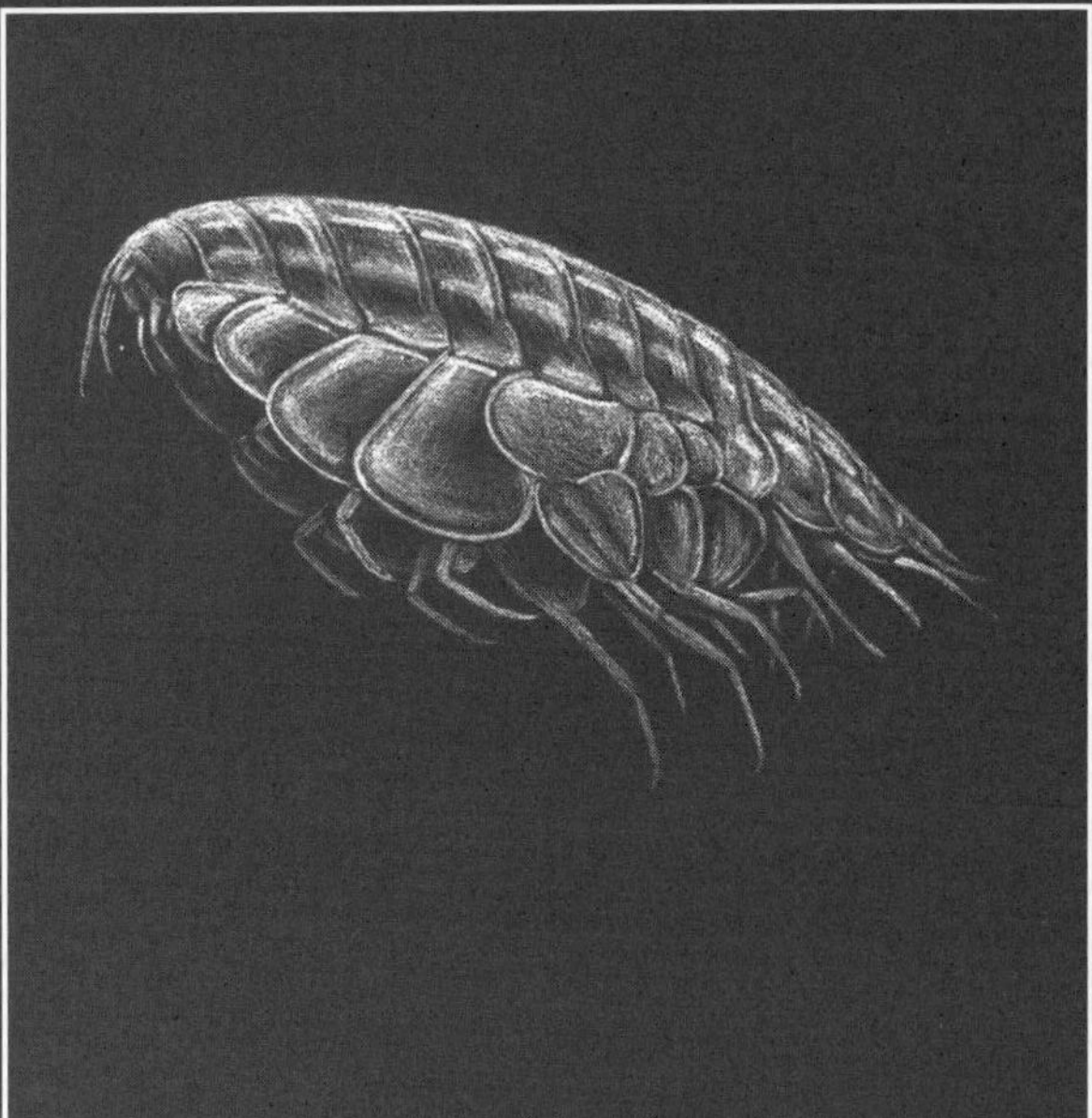

世界最深の海底は、何メートル？

世界最深のマリアナ海溝チャレンジャー海淵《かいえん》は、水深1万911メートルに達する。海淵とは、海溝のとくに深いところをさす。マリアナ海溝チャレンジャー海淵は、日本列島の南方およそ2500キロのところにある。日本からハワイ諸島までの距離がおよそ6430キロだから、それに比べれば近い。世界最深の海底は、意外にも日本列島の近くに存在していたのである。

マリアナ海溝の深さをはじめて測ったのは、1875年、イギリスの初代「チャレンジャー号」だった。この当時の測深《そくしん》方法は、錘測《すいそく》とよばれるもので、鉛の錘《おもり》をつけたロープを海底まで下ろし、ロープの長さで水深を求める方法である。いたって原始的な方法ではあるが、海の深さを測る歴史の中では、このようにして測っていた時代のほうが長い。このときのマリアナ海溝での測深記録が、当時の海の最深記録でもある8184メートルであった。なお、この地点は、現在のチャレンジャー海淵とほぼ同一地点であろうと考えられている。1899年には、アメリカの調査船「ネロ号」が9636メートルを記録し、世界最深部の記録を更新した。

日本によるマリアナ海溝の調査は、元号が昭和になる1年前の1925（大正14）年におこなわれた。大日本帝国海軍の通報艦「満州号《まんしゆう》」から90分かけて60キロの錘をつけたピアノ線を海底に下ろして計測した9814メートルという値が、当時の世界最深記録を塗《ぬ》りかえた。

その後、マリアナ海溝の本格的な深度調査は、1951年にイギリス海軍の測量船「チャレンジャー8世号」によっておこなわれ、音響測深により水深1万863メートル（当初、手動計測では1万900メートルとされていた）が記録された。このとき、測深をおこなったチャレンジャー号の名にちなみ、世界最深の海底はチャレンジャー海淵と名づけられている。

1984年には、日本の海上保安庁水路部の調査船「拓洋《たくよう》」がマルチナロービーム測深機を用いて、1万920メートル（誤差±10メートル）を記録した。チャレンジャー海淵は、測定技術の進歩によって、どんどん〝深く〟なっていった。

実は、世界最深とよばれる海底までの厳密な距離はいまだに分かっていない。なぜなら実際に潜航しながら測定することが非常に困難だからである。唯一の実測記録は、1995年に日本の海洋科学技術センター（現・海洋研究開発機構、JAMSTEC）の無人探査機「かいこう」がマリアナ海溝チャレンジャー海淵に潜航し、1万911メートルの海底を確認したという記録だけなのである。

かつて、世界の最深部の水深は、1957年に旧ソビエト連邦の海軍艦「ヴィチャージ」が計測したヴィチャージ海淵の水深1万1034メートルとされていた時期もあった。しかしその後、同じ海域で何度調査をおこなっても同じ深度が計測されないことから、現在この記録は疑問視されている。ちなみに、世界第2位の深部はトンガ海溝の水深1万882メートルである。

エビとは違うヨコエビ

マリアナ海溝チャレンジャー海淵の水深1万911メートルは、富士山のおよそ3つ分の高さに近い。ごく最近まで、このような超深海は、水温が低く、水圧が高く、栄養分が乏《とぼ》しいために、生物はいないか、いても生物量はきわめて少ないだろうと考えられていた。

　このマリアナ海溝の最深部に棲む生物がいる。１９９８年、「かいこう」によりマリアナ海溝の水深１０９００メートル付近で、２００匹以上も採集されたカイコウオオソコエビである。エビなんかにおもしろい話があるのか、と思われるかもしれないが、これがなかなかのくせものである。種名に「エビ」とつくためエビの仲間と思われがちだが、いわゆるエビ類ではない。

食卓にのぼる「エビ」は、節足《せっそく》動物のエビ類（長尾《ちょうび》目）にふくまれる生き物である。これに対し、カイコウオオソコエビは、同じ節足動物の中でも端脚《たんきゃく》目という、まったく違うグループに属する。端脚目の種類は、一般的に「ヨコエビ」とよばれる。

　つまりエビとヨコエビとは別物なのであるが、どれくらい違うのかをたとえるなら、人間とネズミほども差がある。この聞き慣れない端脚目というグループにふくまれる生き物は、人間にとっての利用価値があまりない。そのため、ほとんど知られていない生物群のひとつであるのだが、実は、地球上にはこの仲間が満ちあふれているのだ。ヨコエビの仲間は、深海、浅海、沿岸域、汽水《きすい》域、河川、湖、陸上の草地、森、林、そして１０００メートル級の山……と、およそ棲息していない環境を探すのが難しいほど広い環境に適応している。

マリアナ海溝の測深がはじめておこなわれた1800年代には、エドワード・フォーブスの提唱した「300ファゾム（およそ水深540メートル）よりも深いところに生物はいない」とする「深海無生物説」がなかば信じられていた。それが「チャレンジャー号」の航海により科学的に否定された時代である。

にもかかわらず、1977年になって、潜水船「アルビン号」がガラパゴス諸島沖の深海で熱水噴出孔《ねっすいふんしゅつこう》（58ページ、170ページ）付近に群生する化学合成生物群集を発見するまで実に100年もの間、「深海の生物量は少ない」と考えられていた。そして1998年、「かいこう」がマリアナ海溝の最深部に多くのカイコウオオソコエビを発見してから、その不思議な生態が分かりつつある。

深海底で発見されたからといって、新種とは限らない

マリアナ海溝のように、まだ誰も足を踏み入れたことがないような場所で発見された生物は、「きっと新種だろう」と思われるかもしれない。「陸上ならまだしも、世界

最深の海域だ、新種でないほうがおかしいじゃないか」と言いたいところだが、必ずしもそうとは限らない。実は、カイコウオオソコエビは、ロシアの研究者により1955年に新種として発表されている。「かいこう」によりマリアナ海溝で採集される43年も前に、すでに知られていた種類であった。

世間一般の人々にとって、新種の生物を発見することが生物界の大きな発見と思われがちである。しかし、「種名を決定し新種として発表すること」――それじたいは、たんなる手続きにすぎない。生物学という学問にとって、新種の発見も大事だが、それがどのような生物であるかの解明も大事なのである。

それに新種の生物を探すのであれば、深海に潜るよりも、身近な陸上の足もとを探したほうがずっと効率的である。なぜなら、マリアナ海溝のような極限環境に適応する生物に比べ、私たち人間が棲息する陸上や浅海の環境に適応した生物のほうが、はるかに種数は多いからである。それでも深海に新たな生物の発見を求めようとするのは、深海という、私たちの生活からかけ離れた未知の世界と、そこで生きるものの〝由来〟(系統)と〝生きざま〟(生態)を知りたいからだ。

カイコウオオソコエビがもつ酵素の秘密

さて、マリアナ海溝の最深部に棲息するカイコウオオソコエビの生態は、いったいどのようなものだろうか。

まず、いちばんの疑問は、この生物が超深海で何を食べているのかということだ。カイコウオオソコエビの消化酵素を分析した結果、セルラーゼ、アミラーゼ、マンナナーゼ、キシラナーゼなどの植物性多糖類の分解酵素が見つかった。このことから、カイコウオオソコエビは、流れ落ちた流木や枯れ葉、植物の種子、植物片などもエサとしている可能性が考えられる。

とはいえ、深海底で陸上の植物のみを食べているわけではない。カイコウオオソコエビの消化管の中からは同時にプロテアーゼやリパーゼなど、タンパク質や脂質を分解する酵素も見つかっている。マリアナ海溝で、エサとなるサバの切り身をベイトトラップという捕獲器に入れて採集を試みたところ、約2時間半で4つのベイトトラップに200個体以上も入ったという記録がある。しかも、採集後のベイトトラップを確認したところサバの切り身がすっかりなくなっていたというから、かなりの大食漢なのかもしれない。

マリアナ海溝の周辺海域は、水温2℃、水圧1000気圧という、細菌ですら増殖が阻害《そがい》されるような環境である。当然、太陽光も届かないので、光合成をおこなう植物や藻《そう》類は生存できない。カイコウオオソコエビの棲息している環境では、エサの量が浅海に比べいちじるしく少ないのだ。したがって、利用できる物質はなんでも利用せざるを得ないことになる。そのため、深海底に落ちてくるものなら何でも食べられるように多様な消化酵素が備わったからこそ、超深海底まで適応できたのだろう。

実は、深海に棲息するカイコウオオソコエビだけが特殊な例ではない。一般的にヨコエビの仲間は、陸域に棲息する種類だけでなく、浅海や沿岸域に棲息する種類も、植物性多糖類の分解酵素をもっている。

陸上の植物は、リグニンやセルロースなど、多くの海洋生物には分解することのできない有機物を多くふくむため、そのままではエサにすることができない。したがって、海中に流入した葉や種子、木材のほとんどは、海洋生物の栄養源とはなりにくいと考えられている。

しかし、ヨコエビの仲間は、消化酵素として植物性多糖類の分解酵素をもっている。つまり、陸上から河川を通じて流れこむ植物体を分解して自分の栄養にするだけでなく、食物連鎖を通して他の海洋生物が利用できるようにしている。生態学的にヨコエビは、「消費者」であるだけでなく、「分解者」としても重要な役割を果たしているのだ。

これがおそらく、ヨコエビ類が地球上のさまざまな環境に適応進化できたひとつの理由だろう。そう考えると、カイコウオオソコエビがマリアナ海溝の深海底に進出できたのも、なんとなく理解できる。

甲殻類が大きくなれない理由

甲殻類が属する節足動物は、現在の地球上でもっとも種分化が進んで多様性に富んだ生物群と考えられている。このうち、多様性がもっとも高いのは、昆虫類である。

節足動物と脊索《せきさく》動物は、対照的な骨格構造の進化を遂げてきた。人間はもちろん、ナメクジウオ、ホヤなどをふくむ脊索動物は、体の中に骨をもつ生物である。これを

「内骨格」という。

内骨格である脊索動物に対する節足動物は、「外骨格」といい、体の周りに骨（甲）をもつ骨格構造の生物である。節足動物が、これほどまで高い環境適応力を示し、多様性を高められた要因のひとつは、この外骨格という骨格構造を採用したためであろう。外骨格は、水中において水圧の変化を緩和したり、陸上での水分の蒸発を防いだりするなど、環境への適応幅を飛躍的に広げるからだ。

しかし、よいことばかりではない。外骨格には不利な点もある。それは、体の容積が制限されてしまうことである。大きくなるためには外骨格も同時に大きくする必要がある。ところが、体が大きくなれば、同時に身体が重くなり、その重さを支える外骨格も相応に厚くなってしまう。このような体の構造が、節足動物の大きさを制限するひとつの要因になっている。

一方、内骨格の生物は、構造的に大きさに制限がないため、体長34メートルにもなるシロナガスクジラのようなたいへん大きな生物が存在する。これに比べれば外骨格の生物は、最大のタカアシガニですら、オスのはさみ脚《あし》を広げて計測しても3メートルを超えることは稀《まれ》である（たまに3メートルを超えることもあるというが、ほとんどの場合、3メートル以内である）。外骨格は、環境への適応には適した戦略であるが、大型化という点においては不適なのだろう。

そのため節足動物は、小型の種類ばかりが繁栄し、多様化してきた。そのうち、海洋では外骨格を厚くした甲殻類が適応したのに対して、陸上では外骨格を薄くして運動性を高めた昆虫類が適応進化した。では、深海はどうだろう。深海も海洋の一部（実際にはその大部分）であるから、甲殻類が適応進化し、繁栄している。

エサを養殖するゴエモンコシオリエビ

潮間帯に棲息する生物は、多くの場合、鉛直《えんちょく》（重力による垂直）方向に対して水平の帯状に分布する。このような分布を帯状分布とよび、それぞれの種のもつ乾燥への耐性や、捕食者からの逃避などの環境要因と、種間関係などにより決まると考えられている。

同じような分布構造は、熱水噴出孔付近にも見られる。熱水噴出孔は文字どおり、地熱で温められた400℃以上にも達する熱水の噴出する孔《あな》である。私たちの暮らす陸上では、水は100℃で沸騰し気体に変化するが、水圧の加わる深海では、沸点が変わる。沸点が上がる、いや、水深によっては沸騰することなく「超臨界水《ちょうりんかいすい》」になってしまうことさえある。〝超臨界〟とは固体・液体・気体につぐ第4の状態である。ある温度・圧力（臨界点）以上でその状態になるが、純水の場合、それは374℃・218気圧（水深2180メートル相当）である。ただ、いろいろな成分が混ざっている〝熱水〟だと、臨界点の温度は400℃以上になる。そんな高温の〝超臨界熱水〟の噴出孔も発見されている。

たとえば、沖縄の鳩間《はとま》海丘《かいきゅう》（水深約3000メートル）の熱水噴出孔でも超臨界熱水が噴きだしている。そこでは、噴出孔から半径0・2〜2メートルという直近の範囲にゴエモンコシオリエビが、その周りにはツノナシオハラエビとヘイトウシンカイヒバリガイが高密度で棲息している。

熱水は300℃を超えているが、噴出孔から少し離れると水温は一気に下がる。そのため、噴出孔から2〜4メートルも離れると、その水温は3・7℃にまで下がる。

このあたりのふつうの水温は3・0～3・2℃くらいなので、ほんの0・5度しか違わない。

それに対して、噴出孔にもっとも近い場所に棲息するゴエモンコシオリエビは、熱水に身をさらしている。その〝高温に耐える姿〟から、釜ゆでの刑に処された盗賊、石川五右衛門《いしかわごえもん》にちなんで名づけられた。

では、ゴエモンコシオリエビがわざわざ熱水噴出孔の近くに棲息するのは、なぜだろうか。それを調べてみると、腹側を覆《おお》うように剛毛が密生しており、この剛毛をときおり、はさみ脚の先端でなでるような行動をとっていた。そして直後に、はさみ脚を口器《こうき》の近くに運ぶ不可解な行動が、飼育個体から観察されたのである。そこで剛毛を電子顕微鏡で観察した結果、表面には無数の繊維状の微生物が付着しており、γ《ガンマ》－プロテオバクテリアやε《イプシロン》－プロテオバクテリアなどが遺伝子解析により検出された。

これらのバクテリアは、熱水中にふくまれるイオウ分（硫化水素など）やほかの還元的物質（メタンや水素など）をエネルギー源にして栄養を自給自足する。これを専門的には「化学合成独立栄養」という（176ページ）。

おそらくゴエモンコシオリエビは、腹の剛毛の共生バクテリアがつくる栄養の分け前にあずかっているか、あるいは、そのバクテリアを直接食べているのだろう。

さらに、いくつかの実験結果から、これらバクテリアは、受動的にゴエモンコシオリエビの腹部の剛毛に棲息するのではなく、むしろ積極的にゴエモンコシオリエビが腹部の剛毛に共生させていることが示唆されている。いわば、ゴエモンコシオリエビは、自分の体の一部を使って、食糧を〝養殖〟しているのである。

これらのバクテリアは、もともと熱水噴出孔の付近に棲息している種類である。そのためゴエモンコシオリエビは、これらの種類を効率よく共生させるため、少しでも熱水の噴出孔に近い環境を腹部の剛毛上に作りだす必要があった。同じような生態をもつツノナシオハラエビやヘイトウシンカイヒバリガイなどよりも、少しでも有利に還元的物質を使うために、噴出孔のもっとも近くに棲息しているとも考えられている。

ごく最近まで、ゴエモンコシオリエビは、このような共生バクテリアの作りだす栄養分のみで体を維持していると考えられていた。ところが、飼育個体の観察などを進めていくと、はさみ脚でオキアミをとって食べる行動が観察され、また脂肪酸分析の結果では、近くに棲息するシンカイヒバリガイ由来の脂肪酸が検出された。

ということは、共生バクテリアから栄養をとるだけでなく、近くに棲息する生物を食べるという、2通りの摂餌《せつじ》方法を使い分けていると考えるほうが妥当である。

ホフ・クラブとイエティ・クラブ——毛深い甲殻類たち

かつてアメリカの人気テレビドラマに「ナイトライダー」というのがあった。主人公は、特殊装備を搭載して人間の言葉を話すドリーム・カー「ナイト2000」を相棒とする、民間の犯罪捜査員マイケル・ナイト。それを演じたのが、デビッド・マイケル・ハッセルホフである。その彼のニックネームを冠する通称〝ホフ・クラブ〟(Hoff crab)という生物が、南極海の海底火山にある熱水噴出孔に棲息している。

なぜハッセルホフが生き物の名前になってしまったのか。理由はいたって単純だ。このホフ・クラブは、毛深かった。発見者たちは、「毛深いといえば(胸毛俳優の代表格）デビッド・マイケル・ハッセルホフ」という連想で、この生き物の愛称はホフ・クラブになったとのことだ。

私たちも似たようなことをした覚えがある。相模湾《さがみ》で当時発見されたばかりで、まだ種名がつけられていなかった2種類のチューブワームに、細い種を「ヤキソバ」、太い種類を「ヤキウドン」と名づけたことがある（185ページ）。

しかし、ホフ・クラブの場合はそれだけで終わらなかった。誰かが悪のりをして、合成写真を作製したのである。その写真には、腕がカニのはさみ脚になったハッセルホフがポーズをとっているのだが、ここで、彼は大きな間違いを犯した（もちろんハッセルホフの間違いではなく、合成写真の作者の間違いである）。

その間違いとは、研究者たちがホフ・クラブと名づけた生き物はコシオリエビの仲間であり、分類学的にはヤドカリの一種である。ところがポーズをとったハッセルホフの腕に合成されたのはワタリガニ科のはさみであった。こちらはカニの一種である。また、右手に左のはさみ脚をつけてしまったという大失敗もやらかしている。

カニとヤドカリのはさみ脚は、形こそ似ているが、上下反対の構造をもっている。

それから、よくイラストでカニのはさみが、ふだん私たちが使う洋バサミのように描かれていることがあるが、甲殻類のはさみ脚で、洋バサミの両方の刃のように両肢《ゆび》が動くはさみは存在しない。甲殻類のはさみ脚は、かならず可動肢《かどうし》（動く肢）と不動肢《ふどうし》（動かない肢）の組みあわせによって形成されている。カニの場合、はさみ脚の上部が可動肢になるのに対して、ヤドカリの可動肢は、はさみ脚の下部になる。

ハッセルホフの合成写真を作った人は、おそらく彼の名前のつけられた生き物がcrab（カニ）とよばれていたので、カニの仲間だとカン違いしてしまったのだろう。きちんとその名を冠する生き物を見ていたら、今度はカニのはさみではなく、エビのような姿になっていたのかもしれない。

食用としているタラバガニは、姿はカニのように見えるが、実はホンヤドカリに近縁なヤドカリ類の一種である。また、ゴエモンコシオリエビやホフ・クラブよりもさらに毛深いということで〝イエティ・クラブ〟の通俗名を与えられたコシオリエビの仲間は、いずれもエビのような姿をしているが、ヤドカリの仲間である。ちなみに〝イエティ〟とは、白くて毛むくじゃらの〝ヒマラヤの雪男〟である。

カニとヤドカリ、エビは、何が異なるのかというと、ハッセルホフの合成写真で間違えた、はさみの形もそうであるが、もうひとつの違いは脚の本数である。ヤドカリ類の歩脚《ほきゃく》は、はさみ脚を入れて8本、カニ類の歩脚は、はさみ脚を入れると10本になる。ただ、厳密にいうと、ヤドカリ類も本当は5対10本の脚をもっている。いちばん後ろの脚は、背甲《はいこう》の下に小さく退化して隠れているので、パッと目には8本の大きな脚のみが見えている。エビも、脚の本数は5対10本である。

この3つのグループは、触角の特徴も異なる。エビは、浮遊能力を高めるために長寿のシンボルマークにもされる長い触角をもつ。ヤドカリも、エビほどではないにしろ、長い触角をもつ。これら2群に対してカニは、いずれも短い触角をもつ。

また、腹部が体の後方に向かい伸びているのがエビ。腹部が巻貝に入れるようによじれたものがヤドカリ。そして腹部が背甲に折りたたまれているのがカニである。これらの特徴を組みあわせることにより、分類がおこなわれている。

ハッセルホフは、ホフ・クラブの密かなブームにより、かつてのナイトライダーのときのようなスターの座にふたたび返り咲くのであろうか。ただし今回の一件は、ナイト2000から「蟹トヤドカリヲ間違エルトハ、ナンタル失態」と、流暢《りゅうちょう》に難じられそうである。

ホフ・クラブよりもさらに毛深いイエティ・クラブの話もしておこう。

あのモアイ像で有名なイースター島から南に1500キロ進むと、もう南極海。その深度2200メートルのところに熱水噴出孔がある。21世紀に入ってから発見されたものだ。この噴出孔の近くから、2005年、「アルビン号」により体長15センチ前後の毛むくじゃらのコシオリエビが発見された。イエティ・クラブである。これは、知られていたコシオリエビの仲間とは形態的にも遺伝的にも異なるとされ、発見者たちは、ネット上の百科事典で見つけたポリネシア神話に登場する女神キワにちなみ、この新種のコシオリエビを *Kiwa hirsuta* と名づけた（*hirsuta* は、毛むくじゃらの意）。

ところが、ネット上の百科事典には、キワという女神の記述がポリネシア神話として紹介されているのだが、実際は、そんな事実はどこにも存在していなかったのである。さらにキワは、ポリネシアではなくニュージーランドのマオリ族の神話に登場する海の守護神であり、なおかつ男の神であることが判明した。いかにも現代らしい取違《あやま》えだ。ネットの情報にクロスチェックをかけずに採用してしまったがための過《あやま》ちともいえる。

このコシオリエビ（イエティ・クラブ）は、ゴエモンコシオリエビとよく似た生態をもつことが報告されている。γ−プロテオバクテリアやε−プロテオバクテリアを全身の毛の上に共生させ、熱水から噴きあげられる化学物質のうち、有害な硫化水素などを分解し解毒する作用と、イオウ化合物や水素などの還元物質を利用する炭酸固定をおこない、一部はエサとして食べているらしい。

形態的には、これまでに知られていないコシオリエビの新種なのかもしれないが、その生態は、過去にも世界の熱水噴出孔で見られたコシオリエビの生態とほとんど変わりはない。

ツノナシオハラエビの赤外線カメラ

熱水噴出孔の周囲、ゴエモンコシオリエビより少し離れたところに高密度で見られることが多いのが、ツノナシオハラエビである。これは、カイコウオオソコエビやゴエモンコシオリエビとは異なり、その名のとおりエビの仲間だ。

そうはいっても、最深部に棲息するのだから、浅海帯に棲息するエビとはやや異なる形態をしている。もっとも大きな違いは、眼が退化していることと、大きく肥大した特徴的な頭胸甲《とうきようこう》をもつことだろう。そして、頭胸甲の内側にある鰓室《さいしつ》内に、ゴエモンコシオリエビと同様、γ-プロテオバクテリアとε-プロテオバクテリアの2種類のバクテリアを共生させている。やはり熱水中にふくまれる硫化水素などから、これら共生バクテリアが〝化学合成〟する有機物をエサとしている。

ツノナシオハラエビは、熱水噴出孔から遠すぎず近すぎず、〝適度〟な距離に群生する。逆にいうと、噴出孔から離れることができない。

それにしても、刻一刻と変化する熱水の挙動をツノナシオハラエビはどのように感知しているのだろうか。光の届かない深海で、眼も退化してしまった彼らには、視覚的に周囲の環境の変化をうかがい知ることはできないはずである。

その代役を果たしているのが、熱水が発する赤外線を見ることのできる〝赤外線カメラ〟だ。人間でいうと、後頭部から背中にかけての部位にある「背上眼《はいじょうがん》」とよばれる特殊な器官は、表面に角膜をもち、光受容物質であるロドプシンを大量にふくんでいる。細長く2葉に分かれ、頭胸甲のすぐ内側にあり、薄く透明である。そのため、外側からでも位置が確認できる。背上眼の先端部は、通常エビの複眼がある部位にわずかに突出していることから、この器官の起源は、複眼の一部であったと考えられる。

ツノナシオハラエビは、太陽光の届かない深海では必要のない〝像を結ぶための複眼〟を放棄し、熱水が発する赤外線のみの感知に特化した器官――〝赤外線カメラ〟を背にもつようになったのである。

高温の熱水は、波長が約1000マイクロメートル前後の赤外線を発する。人間の目には見えない赤外線を感知するツノナシオハラエビが見ている世界とは、どのようなものなのか、ことさら興味深い。

ただし、この赤外線カメラも誤作動することがあるのか、ときおり熱水に向かってしまうなど予期せぬ挙動を起こすようだ。潜水船の覗《のぞ》き窓からは、茹《ゆ》であがってしまったツノナシオハラエビの死骸が、熱水噴出孔の近くに累々《るいるい》とある様子が観察されている。

ちなみに、ツノナシオハラエビの〝オハラ〟は、あの小原庄助《おはらしょうすけ》にちなんでいる。民謡「会津磐梯山《あいづばんだいさん》」に登場し、朝寝・朝酒・朝湯が大好きで、身上《しんしょう》つぶしたとされる材木問屋オハラショウスケさんである。熱水噴出孔の温泉に入り、ちょっと飲み過ぎてしまったツノナシオハラエビが、酔った拍子に源泉をかぶり、そのままあの世逝《ゆ》き。「ハァ〜、もっともだ　もっともだ」と間《あい》の手が入ったところか。

ユノハナも、ところ変われば

熱水噴出孔には、カニも棲息する。ユノハナガニとよばれるこのカニは、日本の河川に棲息するサワガニとよく似た形態をもつが、やはり深海へ適応したことにより、ツノナシオハラエビ同様に眼は退化している。

雪のように白い体色から、学名は *Gandalfus yunohana* と名づけられている。真っ黒なチムニーに棲息するこの白いカニを、湯畑《ゆばたけ》に咲く〝湯の花〟に見立てたのが、種小名 *yunohana* ユノハナの由来である。チムニーとは、噴出した熱水の中にふくまれた鉱物などの物質が細長く固まったもので、煙突のように見えることからそうよばれている。

一方の湯の花はといえば、源泉の成分が異なるごとにその色は異なり、イオウ分が多ければ黄色味を帯びたり、鉄分が多ければ黒ずんだりする。熱水噴出孔ごとに異なる色のユノハナガニがいてもよさそうなものだが、いずれも白色の個体のみである。ユノハナガニの体色は熱水の成分により決められているというわけではなさそうだ。ただ、「鉄の鎧《よろい》をまとった」と形容される巻貝の一種スケーリーフット（ウロコフネタマガイ）は、熱水噴出孔の成分により、黒い個体と白い個体が存在するようである。

日本では、白い深海ガニを〝湯の花〟にたとえたが、海外では別のものにたとえた。ユノハナガニの属名である *Gandalfus* という言葉を聞いて、すぐにその意味が分かる人はどれくらいいるのだろうか。この属名は、J・R・R・トールキンの作品『指輪物語』に登場する白の魔法使い〝ガンダルフ〟にちなんで名づけられたものである。２００７年に発表された論文で、ニュージーランド沖のケルマデック背弧《はいこ》海盆《かいぼん》より採集された新種のユノハナガニに対して、新しく創設した属である *Gandalfus* が提唱された。

この属名は、ニュージーランドで撮影されたピーター・ジャクソン監督の映画 The Lord of the Rings に登場するガンダルフにちなむといった内容が論文に書かれている。原作の小説ではなく、映画にちなんだというのが、いかにもイマドキの話であるが、それだけでなく、映画の登場人物になぞらえた属名とは、いかがなものか。

新種の命名権は、基本的には、新種を記載した者にゆだねられている。ゆえに記載者のモラルの問題となる。ガンダルフという名前は、いまでこそ知っている人も多くいるかもしれないが、未来永劫《えいごう》この属名が使われることを考えると、はたして映画の登場人物がこの先も私たちの共通認識として存在しているのか、疑問を感じる。

学名に人名をつけるのであれば、その人の科学的（とくに生物学的）な業績をたたえ、未来に伝えるひとつの手段であるとは思う。ただ、学名にはいまや原産地の地名をつけることさえ控えるように助言される時代である。ふさわしいのは、深海産を示す *profundus*、イオウを好むという意味の *thiophilus* のような「その生物の特徴が分かる」名前だろう。学名ひとつにも、それを読む相手への〝思いやり〟が求められる。

3章　センジュエビ

——深海のエビ

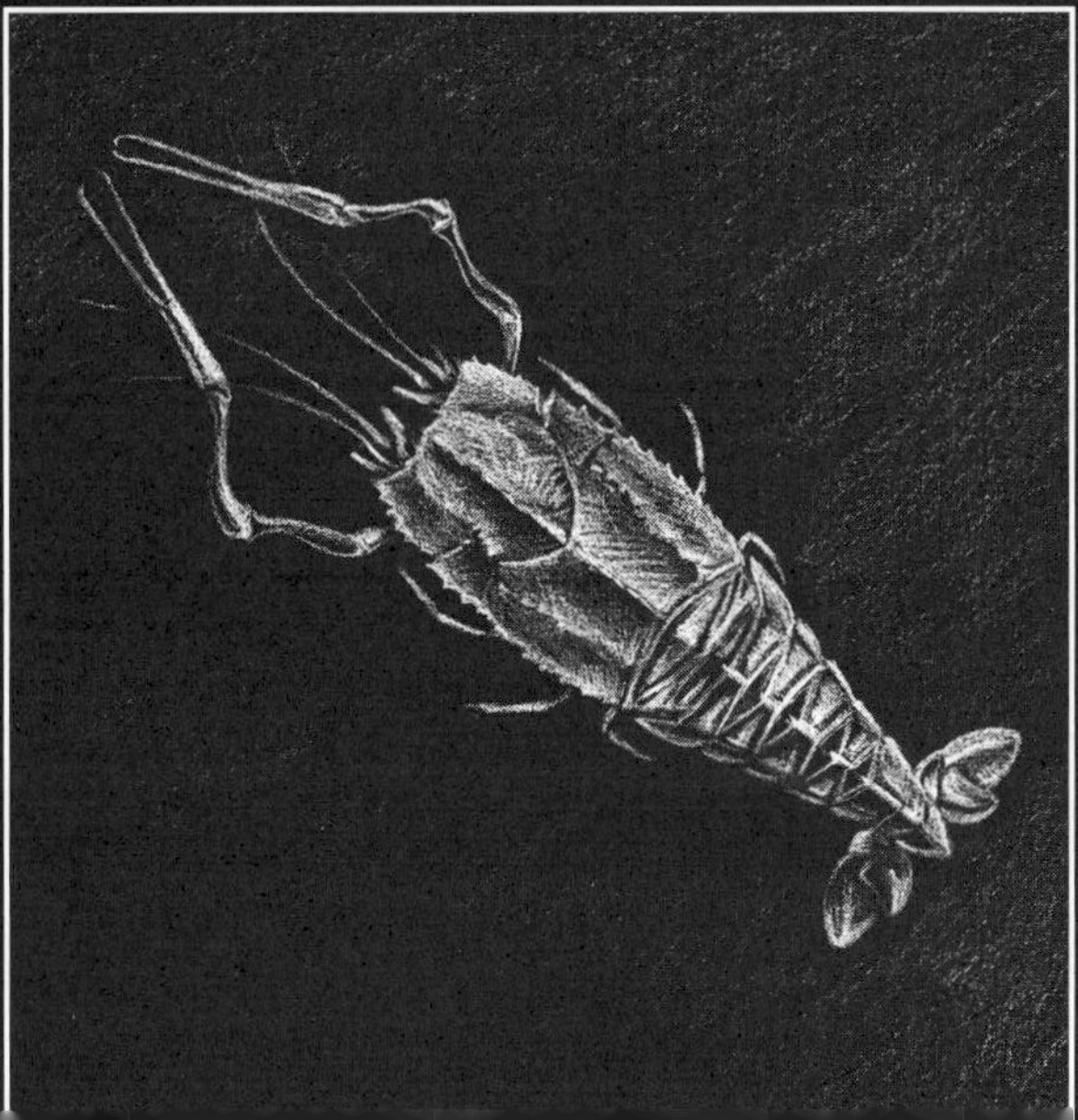

軟体動物と甲殻類の共進化《きようしんか》

ひとつの興味深い仮説が、1980年代の終わりに発表された。これによると、巻貝、すなわち軟体動物の一群である腹足類《ふくそく》の種の多様性が、中生代白亜紀《ちゆうせいだいはくあき》(1億4550万～6550万年前)からいちじるしく高くなった。その原因は、巻貝の捕食者である甲殻類が地球上に出現したためだという。この仮説の提唱者は、オランダのヒーラット・ヴァーメイである。

この仮説によると甲殻類は、食べやすい形の巻貝から捕食するので、食べにくいものが生き残る。その結果、食べにくい巻貝が相対的に増える。すると捕食者は、生き残った食べにくい巻貝の中から比較的食べやすいものを食べることになり、さらに食べにくい形の巻貝が生き残る……。

「食う-食われる」という、捕食者と被食者のイタチごっこが、それぞれの生物をともに進化させる自然淘汰《とうた》の力として作用するというわけだ。つまり「共進化《きようしんか》」を起こさせるとするこの仮説は「エスカレーション仮説」といわれ、自然淘汰による進化の一面をあらわしている。エスカレーション仮説で説明されるような現象は、現在の海洋においても広く見ることができる。

軟体動物の種の多様性は、熱帯海域においていちじるしく高い。エレガントな殻をもつホネガイはヴィーナスの櫛《くし》にたとえられるが、こうした複雑な殻形態をもつ種類は、熱帯海域に多く見られる種群である。これに対して、居酒屋のメニューによくあるツブに代表されるようなエゾバイの仲間は、単純な巻いた殻をもつが、こういったものは北方海域を中心に分布する種群である。

ところで、現在の海洋で軟体動物の捕食者として知られる甲殻類のうち、はさみ脚で殻を壊す捕食行動は、カラッパ科やオウギガニ科のカニ類に多く見られる。これらのカニ類は熱帯海域のある低緯度海域を中心に分布し、北極や南極など高緯度海域に向かうにつれて種数は減少する。つまり、〝貝殻バスター〟のカニがいるところほど貝殻は複雑で、そのカニが少ないと貝殻も単純である――こういったことをうまく説明するエスカレーション仮説は、いまもって有効なのである。

同じ現象は、海洋の鉛直《えんちょく》方向にも見られる。カラッパ科やオウギガニ科など貝殻バスターのカニは、浅い海で多様度が高く、深い海に行くにしたがって種数は減少する。一方、巻貝の種の多様性も、浅い海のほうが複雑な形で種数が多く、深海に向かうにしたがって単純な形となり、また種数は少なくなる傾向が強い。

この原因のとして2つのことが考えられている。ひとつは、深海には捕食者がほとんど存在しないため、複雑な形態の殻を作りだす必要がなかったことにあり、もうひとつは、軟体動物の殻のおもな成分である石灰質（炭酸カルシウム）は、高圧・低温の環境になるほど、溶けだしやすくなる性質をもっていることである。深海のように高圧・低温の環境は、石灰質の殻を維持しづらい環境なのである。

アンモナイトを食べるエビ

中生代ジュラ紀（1億9960万〜1億4550万年前）の地層から、殻口《かくこう》のみが壊れたアンモナイトが見つかることがある。

特徴的な破壊痕《こん》は、エリオンとよばれるエビの一種が捕食した痕跡だと考えられている。エリオンは、その細いはさみ脚をアンモナイトの開口部に差しこみ、殻口を大きく破壊して軟体部を露出させたあとに、はさみ脚で肉を切りきざんで捕食していたと考えられている。

エリオンのこの捕食行動も、アンモナイトの進化のひとつの原動力になっていたと考えられる。どういうことかというと、エリオンの出現により、はじめから開口部が広いタイプ（コレオイド型）のアンモナイトが絶滅して、その一方で、開口部をピタリと閉じるタイプ（アプチクス型やアナプチクス型）のアンモナイトも出現した。

エリオンにとって不幸だったのは、このようなアンモナイトを共進化の相手として選んでしまったことだ。地球上の長い生命の歴史の中では、共進化する相手を間違えると、ともに絶滅してしまうことがある。

エリオンが捕食対象に選んだアンモナイトは、原因は不明だが、白亜紀末期までにほとんどの種が絶滅した。現在まで生き残っているのはオウムガイの一群のみである。同様にエリオンの仲間も、アンモナイトとほぼ時期を同じくして絶滅し、すでに地球には存在していない。エリオンがアンモナイトのみを捕食していたかどうかは分からないが、少なくともひとつの捕食対象（エサ）の消失は、長期的な視点で見るとエリオンの絶滅に大きく影響しただろう。

では、エリオンの仲間はすべて絶滅したのだろうか。いや、〝残党〟がいる。エリオンから派生的に進化したと考えられるのが、センジュエビの仲間で、現在も深海に細々と生き残っている。

化石の構造から考えると、アンモナイトは、それほど深い海には棲息できなかったようだ。したがって、それを捕食対象としていたエリオンも、比較的浅い海に棲息していたはずである。そういう浅海性のエリオンは、浅海性のアンモナイトとともに滅んだのだ。

一方、エリオンの末裔《まつえい》と考えられる現生のセンジュエビの仲間は、いずれも深海にのみ棲息する。おそらくアンモナイトを食べない〝変わりもの〟のエリオンが、深海へ移行し、かつ、深海性のエサを食べるようになった結果、現在まで生き残ることができたのだろう。

センジュエビの仲間は、エビとは思えないような特異な姿をしている。もっとも目を引くのが、その名の由来である千手《せんじゅ》観音を思わせる、体長とほぼ等しいくらい長くて細い、体に不釣り合いな、そのはさみ脚である。

通常は砂に半分ほど潜り、ほとんど動かないこのエビが、魚などが近づくと、素早く細長いはさみ脚を伸ばし、鋭利なはさみで魚の体をスパッと切ってしまう。その様子が、飼育個体からも観察された。一見繊細でおっとりとした生き物のように思えただけに、その行動を目《ま》の当たりにしたときは意外だった。興奮すると、やみくもにはさみを振りあげ、水槽に入れた指までも挟《はさ》もうとする。

生き残るための適応進化とは不思議なもので、エリオンとセンジュエビの栄枯盛衰《えいこせいすい》は、（人類学的には正確ではない比喩かもしれないが）縄文人と弥生人のようにたとえられなくもない。浅海でアンモナイトを捕食していたエリオンは縄文人、深海に新天地を求めたセンジュエビが弥生人といったところだろうか。ほんのわずかな生態学的な違いが長い年月積み重なり、ひとつの生き方は絶滅し、もうひとつの生き方は残るという結果になった。生物の不思議のひとつだ。

サクラエビとシロエビは深海生物

あまり知られていないが、駿河湾《するが》の名物でもあるサクラエビは、日中、水深200

～300メートル付近の中層を遊泳している深海生物である。それが夜間になると、水深20～30メートルくらいの表層まで浮上する。

このような行動を「日周《にっしゅう》鉛直《えんちょく》移動《いどう》」とよび、深海の中層に棲息する多くの生物が、昼間は深海で過ごし、夜になると表層へ移動してくることが知られている。多くの深海生物のエサとなる浮遊性カイアシ類は、日中、捕食者から逃れるために中層の暗所で過ごし、夜間、暗くなってから表層へ移動し植物プランクトンなどを捕食する。これらをエサとする大型の生物も、エサであるカイアシ類の移動にあわせた日周鉛直移動をおこなっていると考えられている。

サクラエビは春と秋の年2回、漁期がある。かつてはサクラエビを一面に広げ乾燥させる桜エビ畑のような光景が広がっていたというが、現在は電気乾燥機で乾燥させており、その風景は見られない。サクラエビは名前のとおり、桜色をしたエビであるが、釜《かま》揚《あ》げにすると、その色はいっそう濃い紅色のエビになる。

このサクラエビとは対照的なのが、富山《とやま》湾の水深300～600メートルに棲息するシロエビである。こちらは、生きているときは半透明の薄桃色であるが、釜揚げにすると乳白色の白いエビになる。このように対照的な色をした2種類のエビを比較しながら、深海の中層に棲むエビの生態を考えてみよう。

駿河湾のサクラエビと富山湾のシロエビは形態がよく似ている上に、いずれも中層を遊泳するエビであるが。しかし、分類群としてはまったく異なる。エビの仲間は、産卵生態により2つの亜目に分けられ、サクラエビはクルマエビ亜目（根鰓《こんさい》亜目）で、メスが抱卵《ほうらん》せず小さな受精卵を大量に海中に放つタイプである。それに対し、シロエビはエビ亜目（抱卵亜目）に分類され、メスが大きな少数の卵を腹肢《ふくし》に付着させてゾエア幼生《ようせい》が孵化《ふか》するまで保護するタイプである。

シロエビと同じエビ亜目には、ヤドカリ類やカニ類もふくまれる。エビ、ヤドカリ、カニという生物は、いずれも共通祖先から派生的に進化した単系統の生物群であり、産卵生態はほぼ共通している。しかし、産卵にいたるまでの行動生態はグループにより異なる。たとえば、交尾前にオスがメスを抱きかかえて保持する「交接《こうせつ》前ガード」という行動は、もともとは別々に発達したものが、「収斂《しゅうれん》進化」（167ページ）により同じようなものになった可能性が高い。

駿河湾でのサクラエビの漁期は4〜6月までと10〜12月の年2回なのに対して、富山湾でのシロエビの漁期は4〜11月までとなっている。漁の時間も、サクラエビが夜間に浅海に浮上してきたところを採集するのに対して、シロエビは日中、水深200〜300メートルの海中に網を下ろして採集する。同じエビであっても、漁法や漁期がまったく違うのだ。

いまではすっかり、駿河湾、富山湾それぞれの名物になっているこの2種類のエビだが、実は、このような漁がおこなわれるようになったのはそれほど昔のことではない。サクラエビは、1894（明治27）年に由比《ゆい》の漁師が、偶然サクラエビの漁場を発見したことがその始まりとされているし、シロエビ漁も、1897（明治30）年に富山湾でその漁場が偶然発見されたことにより始められたものである。

サクラエビは駿河湾だけでなく、相模湾や東京湾口部から台湾南部にかけて広く分布する。また、シロエビはたしかに日本周辺の固有種であるが、富山湾だけではなく、日本周辺の他の海域にも少なからず棲息している。しかし、富山湾以外の海域では、このような漁はおこなわれておらず、また、漁業として成り立つほど獲《と》れるのも、サクラエビは駿河湾、シロエビは富山湾のみである。

これら2つの湾には、共通点がある。いずれも1000メートルを超える〝深い湾〟であることと、そしてたんに深いだけでなく、急峻《きゅうしゅん》な地形をもつ湾であることの2点である。どちらも、沿岸部に浅海域が少なく、沿岸域から水深200メートルの深海までは2キロ未満の距離しかないのである。

駿河湾や富山湾でサクラエビやシロエビが獲れるのは、自然豊かな環境があるためと宣伝されてはいる。しかし本当のところは、岸から漁場となる深海の地点への距離が短いため、移動にかかる時間とコストが少なくてすむということだろう。実際に、サクラエビの資源は東京湾口にも知られているが、そこでは、獲ってから陸揚げするまでの移動距離が長く、鮮度が落ちてしまうため商品として成り立たない。冷蔵技術の低い時代ではなおさらだった。

深海の中層に棲息するエビ類は、共通し長いヒゲ（第2触角）をもつ。サクラエビも、体長4センチほどの体に対して、ヒゲの長さはその数倍にもおよぶ。さらによく観察すると、このヒゲを体に対して水平に伸ばし、螺旋《らせん》を描くように泳ぐ。長いヒゲは、体に対する表面積を大きくすることで、海中の浮力を高め、沈みにくくする役割をしている。おそらく自然界でも、螺旋を描くように日周鉛直移動をおこなっているのだろう。実験の結果では、浮きあがるスピードは1分間に1・6メートルであるのに対して、沈むスピードは1分間に1・8メートルと計算されている。やはり、海中で浮力があるといっても、重力には勝てない。

甲殻類は、成長するために脱皮をおこなう必要がある。サクラエビは、駿河湾の夜間の水温がもっとも上昇する10月ごろ、夜間、表層に移動してきた際に脱皮をおこなうと考えられている。飼育水槽での観察結果では、脱皮の20~30分前になると活動を停止し、脱皮そのものは20~40秒でおこなうが、その後、2~3時間は、正常な動きができない。

もし仮に、彼らの日中の棲息場所である水深200~300メートルの中層で脱皮したら、どうなるだろうか。きっと脱皮をしながら鉛直方向へ落下しつづけ、正常な行動がとれるようになるころには、水深600メートル付近にまで沈降してしまうだろう。

そうなると、ただでさえ脱皮で相当なエネルギーを消費したところに、水深200〜300メートルの中層に戻るため、さらにエネルギーが必要となってしまう。そのため、サクラエビは、夜間、浅海へ上昇した際に脱皮をおこなうと考えられている。水深20〜30メートル付近で脱皮を始めれば、脱皮完了後、日中の棲息深度よりもやや深いところで動きだせることになるからだ。

以上、サクラエビについては、生態的な研究が若干あるのだが、シロエビに関しては、まったくといってよいほど不明なままである。

光るサクラエビ

サクラエビは、体の腹面、つまり下側におよそ160個の小さな発光器をもつ。夜間おこなわれる漁では、網に入ったサクラエビを持ちあげ、舟に積みこむときに、網の中が青白く光って見えるという。ところが、発光生物学の大家であり、神奈川県の横須賀《よこすか》市自然・人文博物館の初代館長でもある羽根田弥太《はねだやた》の手記を読むと、サクラエビは、どんなに刺激を与えても発光することはなかったとされている。

サクラエビとひと口にいっても、この仲間は40種類にも分類され、それぞれの種類によって棲息深度や生態だけでなく、発光器の有無や、その形も微妙に異なる。サクラエビや、水深700メートルよりも浅いところに棲息する*Sergia challengeri* (Hansen, 1903) は、半透明の体で、発光器にレンズがあり、日周鉛直移動をおこなう。その一方で、サクラエビよりも大型で水深500〜1000メートルに棲むコツノサクラエビは、赤い体色をしており、レンズのない発光器をもつ。ところが、水深1000メートルよりも深いところに棲息するヤマトサクラエビは、発光器をもたない。

サクラエビ類には特筆すべき発光器をもつものがいる。腹面にのみ発光器をもち、水深700メートルより浅いところに棲息し、日周鉛直移動をおこなうもので、他種より明るく光る発光器が備わっている。

それは、人間の目には見えないが、ある種の深海生物の眼には見える太陽光がまだかすかに届く深さで、下から見るとまるで明るい天井を背景に自分のシルエットが丸見えという状況に対し、みずからの腹面を光らせることでそれを打ち消す効果がある。サクラエビの発光は、下からの捕食者による攻撃を逃れるための〝隠れ身の術〟

である。これを「カウンター・イルミネーション」（逆発光）という。

エビの発光は、サクラエビのように発光器が光るだけではない。水深300〜600メートルに棲息するミノエビの仲間は、口器の側から発光液を分泌し、体外で発光する。ルシフェリンとルシフェラーゼの酸化反応による青白い冷光である。実際に目の前で見たミノエビ類の発光は、陸上のホタルの発光の数十倍明るい光であった。

ただ、体外に発光液を分泌するエビの発光の意味は、いまだによく分からない。ひとつの仮説として、発光物質であるルシフェラーゼの構造は、消化酵素の構造によく似ているとされることから、光ることに意味があるのではなく、消化酵素の一部が変化して〝光るようになってしまった〟可能性が示唆されている。つまり、光るようになった消化酵素を、捕食者から逃れるための道具や術として利用しているという考え方である。

甲殻類には、ウミホタルをはじめ、発光能力をもつ種類が多くの種群にまたがって知られている。ところが不思議なことに、エビ亜目のエビには発光種がいるが、ヤドカリとカニに発光する種は知られていない。なぜヤドカリとカニには発光する種がいないのか。いまもって謎のままである。

4章　ユメナマコとクマナマコ
——泳ぐナマコ、歩くナマコ

古事記《こじき》にも登場するナマコ

神話ではあるが、712年に編纂《へんさん》された『古事記《こじき》』の中に、ナマコが出てくる。

アマテラスオオミカミ（天照大神）の孫であり皇統直系の神とされるニニギノミコトが降臨《こうりん》の際、芸能の女神とされるアメノウズメが魚たちを集め「神の御子《みこ》につかえるか」と問いかけたところ、ほとんどの魚は「はい」と答えたのに、ナマコだけが答えなかった。そのため、アメノウズメが怒って小刀《こがたな》でナマコの口を裂《さ》いてしまったので、ナマコの口はいまも裂けているという。

アメノウズメは、ちょっとしたトリックスターである。世界を照らすはずのアマテラスが天《あめ》の岩戸《いわと》に引きこもって世界が暗闇になったとき、岩戸の前でストリップダンスのようなことをして皆の笑いを誘い、その笑い声をいぶかしく思ったアマテラスが岩戸から出てくるようにしむけた。そのためアメノウズメは〝日本最古のダンサー〟ともされる。『古事記』の中ではそれなりの活躍を見せるが、ナマコのくだりでは、ずいぶんと乱暴なことをする女神だという印象がある。

『古事記』にはすでに「海鼠《なまこ》」という語が見られ、本来は「コ」と読んでいたという。「ナマコ」とは「生」の「コ」をさす言葉であり、「このわた」（ナマコの腸）、「いりこ」（煎りナマコ、干したナマコ）、「このこ」（ナマコの子、ナマコの卵巣）という単語の語源であろう。もともと、蠕虫《ぜんちゅう》のことを「コ」とよび、養蚕のカイコガは、飼う「コ」ということで「カイコ」となって現在も使われている。

夏目漱石《なつめそうせき》は『吾輩は猫である』の中で、「始めて海鼠を食い出《いだ》せる人は其《その》胆力に於《おい》て敬すべく、始めて河豚《ふぐ》を喫せる漢は其勇気に於て重んずべし。海鼠を食えるものは親鸞《しんらん》の再来にして、河豚を喫せるものは日蓮《にちれん》の分身なり」と書いた。それほどに、漱石にとってナマコやフグは意外な食べ物であったのだろう。

ナマコの食文化は、すでに平安時代中期の辞書である『和名類聚抄《わみょうるいじゅしょう》』に登場している。江戸時代の『本朝食鑑《ほんちょうしょっかん》』や『日本山海名産図会《さんかいめいさんずえ》』などにも同様にその記述は見られ、食用としての歴史は古い。

意外に思われるかもしれないが、ナマコは、ウミユリやヒトデ、クモヒトデ、ウニなどと同じ棘皮《きょくひ》動物門にふくまれる生物である。ナマコの仲間は、世界からおよそ1400種類、日本周辺海域だけでも185種類が暫定《ざんてい》的に記録されている。ただし、新種として記録されて以後はまったく発見されていない種類や、その正体が不明のまま現在にいたる種類が多くふくまれているため、種数は今後の研究しだいで変動するだろう。食用にするマナマコでさえ、ごく最近まで2種類が混同されていた。

ナマコは、なぜ海にしかいないのか

ナマコは海洋のあらゆる場所に棲息する。ところが、陸上と淡水域には見られない。世界最深部のマリアナ海溝チャレンジャー海淵で観察された大型生物は、ナマコの仲間とカイコウオオソコエビ(ヨコエビの一種)のみであった。ヨコエビ類(甲殻類のうち端脚類)が陸上や淡水もふくめて多様な環境に棲息している(51ページ)のに対し、ナマコは海にしかいない。陸上はともかく、なぜ淡水域にナマコをはじめとする棘皮動物は進出できないのか。その理由には諸説あるが、ひとつは体の作りに問題があるためとされている。

棘皮動物は、循環器系と呼吸器系が発達しているのに対して、泌尿《ひにょう》器系が存在しない。泌尿器系を簡単にいえば、体内と体外の環境を区別して、体内の環境を保持する役割をする、とくに塩分（専門的には後述する浸透圧）の調節と維持にかかわる器官系である。

人間の泌尿器系の場合、体外から体内に入りこんだ毒素や、体内で生成された老廃物を体外に排出する機能が重要である。一方、水生生物である棘皮動物にとっては、体内外の塩分濃度を一定にする機能のほうがより重要な役割を負っている。濃い液体に薄い液体が混じってきて、濃度を均等にする力が働く。これがいわゆる「浸透圧」である。もし、そんな泌尿器系をもたない海洋生物が淡水へ進出すると、どうなるだろうか。たちまち外部の淡水（薄い水）が体内、しかも細胞内に浸透してきて、ふくらんでしまう。

棘皮動物は、発達した循環器系と呼吸器系により、エネルギーの代謝を飛躍的に上昇させることに成功した。そしてその代償として泌尿器系を作れなかったことで、淡水域への進出は妨《さまた》げられることとなった。ただ、ポジティブに考えれば、マリアナ海溝のような超深海にまで適応できたのだから、この進化の方向性は成功だったのかもしれない。

ユメナマコの優雅な泳ぎ

浅海域に棲息するナマコは、いずれも〝棒〟のような直線的な形態をしているのに対して、深海に棲息するナマコの形は多様性に富んでいる。なぜ、そうなったのかは謎だが、その一端は、深海という環境への適応から理解できる。

そのうち、もっとも優美なるナマコとして、明治39年1月に発行された日本動物学雑誌の巻頭に当時とても高価だった3色図版を用いて、生きた姿の図版が世界ではじめて紹介されたのが、ユメナマコである。

そこに書かれた箕作佳吉の解説文によると、同年5月17日に静岡県田子ノ浦《たごのうら》沖の駿河湾水深600～750尋《ひろ》（1097～1372メートル）の海底から青木熊吉《あおきくまきち》が採集し、画工の作間《さくま》（桑原）伊三郎《いさぶろう》が写生したとある。箕作がユメナマコの姿を紹介した一文は、次のとおりである。

「海鼠の種類多しといえども此《こ》の如くに美にして且《か》つ奇なるものも亦稀《またまれ》なる可《べ》し暗黒なる深海に此の如《ごと》き美なる者の棲息せんことは實《じつ》に夢に近しこの意より出て命名者は

秀麗なる夢想者（學名の意）の名を下したるなるべし」

ユメナマコは、「秀麗なる夢想者」である。内臓が透《す》けて見えるほど透明な美しいワインレッドの体色をもち、頭部には、疣足《いぼあし》（小さな1対の突起）のあいだに水かきのような薄い膜をもつ、掌《てのひら》にのるくらいの大きさのユメナマコは、たしかに夢のような生物だ。しかし、箕作が動物学雑誌でユメナマコを紹介した当時は、深海での生態観察などまだ〝夢〟の時代だった。

1874年、イギリスの「チャレンジャー号」による世界一周の調査航海の際にニュージーランド沖で採集した試料をもとに新種として学界に報告されていたが、深海底の生きたユメナマコの姿が観察されたのは、それから100年以上も後のことである。

はじめて観察されたユメナマコは、海底を這《は》うナマコではなく、意外にも水中を優雅に泳ぐ姿だった。

ユメナマコは、海底の水流の方向に従い、体を前後に屈伸《くっしん》させ、体の前端にある薄い膜を振り、後ろから水の流れを受けながらフワッと海底から離れたかと思うと、そのまま上昇し、海底面から数メートルのところまで吹きあげられるように浮かびあがる。そして、ある程度の高さに達すると、ふたたび膜をパラシュートのように広げ、ゆっくりと下降する。すると今度は、何ごともなかったかのように海底に降り立ち、泥を食べながらゆっくりと海底を歩きはじめる。その一連の行動は、しごくゆっくりでありながら、まったくムダのない優美さなのである。

深海に棲息するナマコには、ユメナマコに限らず、このような遊泳能力をもつ種類が少なくない。ただ、泳ぎ方には違いが見られる。たとえばクツワナマコの仲間は、屈伸運動のみで海底から上昇し、なおも屈伸運動を続けながら泳ぎ、力尽きるとそのまま落下する。こちらの遊泳にはユメナマコのような優雅さは見られない。むしろ粗野にも見える体力勝負の泳ぎである。

いずれにせよ、深海ナマコが泳ぐ本当の理由は分かっていない。ひとつの仮説として、海底の泥中にある有機物をエサとするナマコがより豊富なエサにありつくために、海底を歩くよりも、体力を消耗せず効率よく移動できる遊泳という行動をとるようになったと考えられている。このような遊泳行動は、深海底でたまに発生する乱泥《らんでい》流《りゅう》のような現象に見舞われたときに、歩くよりも速く移動できるという利点もあった。実際、乱泥流から泳いで逃げるナマコの姿が観察されている。

深海ナマコのもつ「泳ぐ」という特異な行動は、おそらく深海という環境への適応から得た能力なのだろう。泳ぐという能力のみに特化したクラゲナマコにいたっては、他のナマコのように海底を歩く生態を捨て、つねに浮遊する特異な生態をもつ。

浅い海に棲息するマナマコは、長径0・2ミリの楕《だ》円形の卵を20万個近く抱卵《ほうらん》するのに対して、ユメナマコは、ナマコ界では大型ともいえる直径3・5ミリの円形の卵を十数個しか抱卵しない。詳しい発生過程は調べられていないが、少なくとも、浅海に棲息するナマコの小卵多産型とは対照的な、大卵少産型の繁殖戦略をもっていることは確かである。小卵多産型は、たくさんの卵を産むが、成長の初期で多くが死滅してしまい、成熟するまで成長できる個体が少ない。これを「r《アール》戦略」という。一方の大卵少産型は、少ない卵しか産まないが、そのほとんどが成熟するまで成長できる「K《ケイ》戦略」である。

海洋生物の場合、ｒ戦略をとる生物が、浅海に棲息する生物に多く見られるのに対して、Ｋ戦略をとる生物は、深海から多く報告されるようだ。また、Ｋ戦略をとる生物は、浅海に比べ、捕食者が限られることから、エサの量が少ない深海に適した繁殖戦略なのかもしれない。

海底をトコトコ歩くクマナマコ

日本海溝の超深海帯の水深7000メートル付近には、半透明白色をしたクマナマコが高密度で棲息する場所が点在している。

大きさ3センチ前後のこのナマコは、ユメナマコのような優雅さはないが、ずんぐりとした可愛らしい姿をしている。4対8本の太い足をもち、深海底でエサを求めてトコトコ歩く（この章のトビラの絵がクマナマコである）。

クマナマコは日本海溝などの深海底に多く見られるが、その棲息場所は、海底に広がる泥の平原に〝不均一〟に分布している。この不均一な分布を「パッチネス」という。深く積もった泥の中にふくまれる有機物や微小な生物をエサとしている。クマナマコのパッチネスは、この泥の中にふくまれる有機物量のパッチネスを反映している可能性がある。クマナマコが集まってくる泥の下には、過去に死んだ生物の遺骸などが埋まっていて、それら微生物が分解することで、部分的に泥中の有機物量が豊かになるのだろう。

たとえるなら、微生物がシェフをつとめる深海レストランにクマナマコが食事をしに集まっている光景である。メニューは泥のみ。クマナマコにとって、ふくまれる有機物の量が多いほど「おいしい泥」となる。クマナマコは今日もおいしい泥を求めて、真っ暗な深海底をトコトコと彷徨《さまよ》っているのである。その歩みはけっして優雅とはいえない。ときおり、くぼみや岩につまずき倒れることもあるほどだ。クマナマコにとっては一大事なのだろうが、潜水船のカメラ越しに観察するヒトからすれば、何ともユーモラスで微笑ましい。

クマナマコの仲間は、異なる外部形態から7〜8つの亜種に分けられ、南極、ニュージーランド沖、ケルマディック諸島沖、日本海溝、アリューシャンなど太平洋の広い範囲において記録されている。これに対してユメナマコは広く太平洋・大西洋に分布するが（ただし大西洋の個体については、別種の可能性が高い）、いずれの地域でもほぼ同一の形態をしている。

遺伝的な研究がなされていないため、クマナマコの亜種は、地域による形態の差なのか別種なのか、まだ分からない。はっきりしているのは、海域によって明らかに形が異なることである。そのひとつの理由として、クマナマコは、ユメナマコのように「泳ぐ」という移動方法ではなく、「歩く」という移動方法のみをとったことにより、遺伝的には広く分布できなかった。それで地域ごとの個体群として適応進化した可能性が考えられる。

微生物の天国

海底の泥を食うナマコはまるで「泥の掃除機」のようだ。でも、泥の中の有機物はさほど多くないから、たくさんの泥を食べ、たくさんの糞《ふん》をする。ナマコの糞は、実に見事だ。そして、泥から栄養を絞《しぼ》りとるための腸管《ちょうかん》は、実に長い。

そのナマコの腸管は、日本人にとって珍味として食される。いわゆる「このわた」

である。ただでさえナマコを食さない外国人にはたぶん気味悪がられるだろうし、日本人でも口にできない人がいる。たしかに見た目は気持ち悪い。そして、こんなことをいうと、さらに気持ち悪くなる人がいるかもしれないが、ここは微生物の天国でもあるのだ。

たとえば、水深3500メートルの深海底に住むシリブトイモナマコの腸管からは10万種もの微生物が検出されたとか、その約40パーセントは周囲の底泥にはいない特異な種だとか、ふつうの環境ではあまりお目にかからない「古細菌」もいるとかの報告がある。

食通には珍味、微生物には天国、微生物研究者には研究対象の〝宝庫〟ともいえるナマコの腸管、このわたである。

なぜ海底は、ナマコだらけになるのか

棘皮動物は、海洋環境への適応に成功し、現在の海洋でもっとも繁栄している生物の一群といえる。とくにナマコは、浅海から深海まで、現在の海洋を制覇した生物であるといってもよい。南西諸島の砂浜海岸では、場所によっては足の踏み場もないほどの数のナマコが転がっていることがある。これらは多くの場合、ニセクロナマコやクロナマコなどである。温帯域でも、グミナマコが高密度で棲息し、漁業問題になっている海域もある。これとほぼ同じ光景は、深海数千メートルの海底にも見られ、キャラウシナマコなどがやはり高密度で棲息している。

なぜナマコは、このように高密度で棲息することができるのだろうか。実は、これこそがナマコの驚くべき適応能力なのである。

ナマコは、自分の体細胞を必要最小限にまで減らし、骨片《こっぺん》や「キャッチ結合組織」とよばれる特殊な細胞外成分で体を形成している。棘皮動物に共通して見られるキャッチ結合組織は、自由に硬さを変化させることが可能であるうえ、筋肉に比べ10分の1以下のエネルギー消費量で動かすことができる。そもそもキャッチ結合組織は、いったんつくってしまえば、それを維持するためのエネルギーもほとんどいらない。いわば、維持費も運転経費もかからないマシンのようなものである。ナマコは、この組織をもつことによって、他の生物に比べ少ない有機物の摂取量でも十分に活動することが可能となった。

いいかえれば、ほとんどエネルギーを消費することなく活動できる〝究極の省エネ〟生物なのである。そのため、ほとんど栄養価のない海底の砂や泥だけで生きていける。この適応のおかげで、他の生物とのエサをめぐる競合関係はほぼなくなった一方、栄養価のないナマコを捕食する者もいなくなった。これが、浅海から深海まで広く繁栄している理由のひとつだろう。つまりナマコ類は、〝究極の省エネ〟戦略で成功したのである。

オケサナマコの過《あやま》ち

1986年、太平洋東部から採集されたナマコが新種として記載された。オケサナマコとよばれる〝泳ぐナマコ〟である。このナマコの論文は、のちに大きな問題を引き起こすことになる。

生物の種名（学名）は、国際動物命名規約という全世界共通の規則にもとづき記載することが義務づけられている。生物の種名は、「基準となる唯一の標本」に対してつけられるべきである。そのような標本をとくに「模式標本《もしき》」（タイプ標本、ホロタイプ標本、あるいは学者間の俗語としてたんに〝タイプ〟）という。万が一、その生物試料が安定した標本として保存できない場合に限っては、〝タイプ〟は図であっても構わないが、その図の根拠となった試料そのものはたとえボロボロになろうとも保存されるべきというものだ。

このことは、科学の再現性を保証する大前提である。仮に将来、似たような種類が見つかった場合に、その生物の種名の根拠となる標本を基準として比較するのに必要不可欠であるからだ。

国際動物命名規約は、時代に合わせて柔軟に、その内容も書きかえられ、現在は1999年に批准《ひじゅん》された90条からなる国際動物命名規約の第4版が用いられている。

問題のオケサナマコは、この第4版に切りかわる前、第3版の時代に記載された〝新種〟である。その著者らは、深海に棲息するこのナマコは採集が困難なこと、採集後も体が軟《やわ》らかく安定的に保存することが不可能だった点を理由にし、潜水船から撮影された、たった1枚の写真を模式標本として、オケサナマコを新種としてしまった。他に仕方がないから、次善の策として写真を〝タイプ〟にしたということだ。

つまり、オケサナマコの模式標本は世界中のどこにも存在しない。たしかに深海のナマコは全身がゼリー状で軟らかく、安定して保存することは難しい。しかし、だからといって、標本なしでかまわないということにはならない……はずである。

ナマコの分類は、写真でも分からなくはない外部形態だけでなく、写真だけでは絶対に分からない体内にある骨片の組みあわせにより、種類を決定することが基本である。ナマコの骨片は、ナマコの体表内に埋没した細胞外成分であり、通常は採集したナマコの体表などを薬品で溶かし、顕微鏡で観察する。このような分類の基準とすべき形質の比較は、たった1枚の写真からはとうていできるものではない。また、深海のナマコには、ユメナマコのように、体のどこにも骨片をもたないものも少なからず存在するのだが、写真のみではそのことも分からない。

しかし、この著者らは、そういった事例には一切触れることなく、たった1枚の写真に写った姿から〝オケサナマコという新種〟を作りだしてしまった。

その後、この写真と同じであろうと考えられるナマコは、ハワイ沖、日本海溝、南海トラフなどの水深3000~5000メートル付近から観察されているが、模式標本が写真であるため、「それが本当にオケサナマコなのか」は科学的に証明できない。外部形態の特徴は一致したとしても、遺伝的もしくは解剖学的など他のアプローチで同一種であると証明することがまったくできない状態なのである。

幸いにして、現行の国際動物命名規約第4版では、模式標本としての写真の使用は原則的に不許可とされている。そもそも良心的な研究者はオケサナマコのような記載はしないであろうが、このように分類学上の混乱をまねく行為が、生物学そのものの研究を妨げる要因となっている。

やはり標本として安定して残しにくいクラゲの分類学的研究について、解像度の高い画像データを用いることで、同様の記載方法を認めようとする動きがあるようだが、国際動物命名規約の基点である1758年のリンネの時代から、連綿と受け継《つ》がれてきた分類学の原点に戻って、いま一度考え直してもらいたい。いくら映像技術が発達したとしても、基準となる標本をきちんと残さない記載は、オケサナマコと同じ過《あやま》ちを繰り返すことになるように思えてならない。

5章　クダクラゲ

——赤い胃袋をもつクラゲ、発光するクラゲ

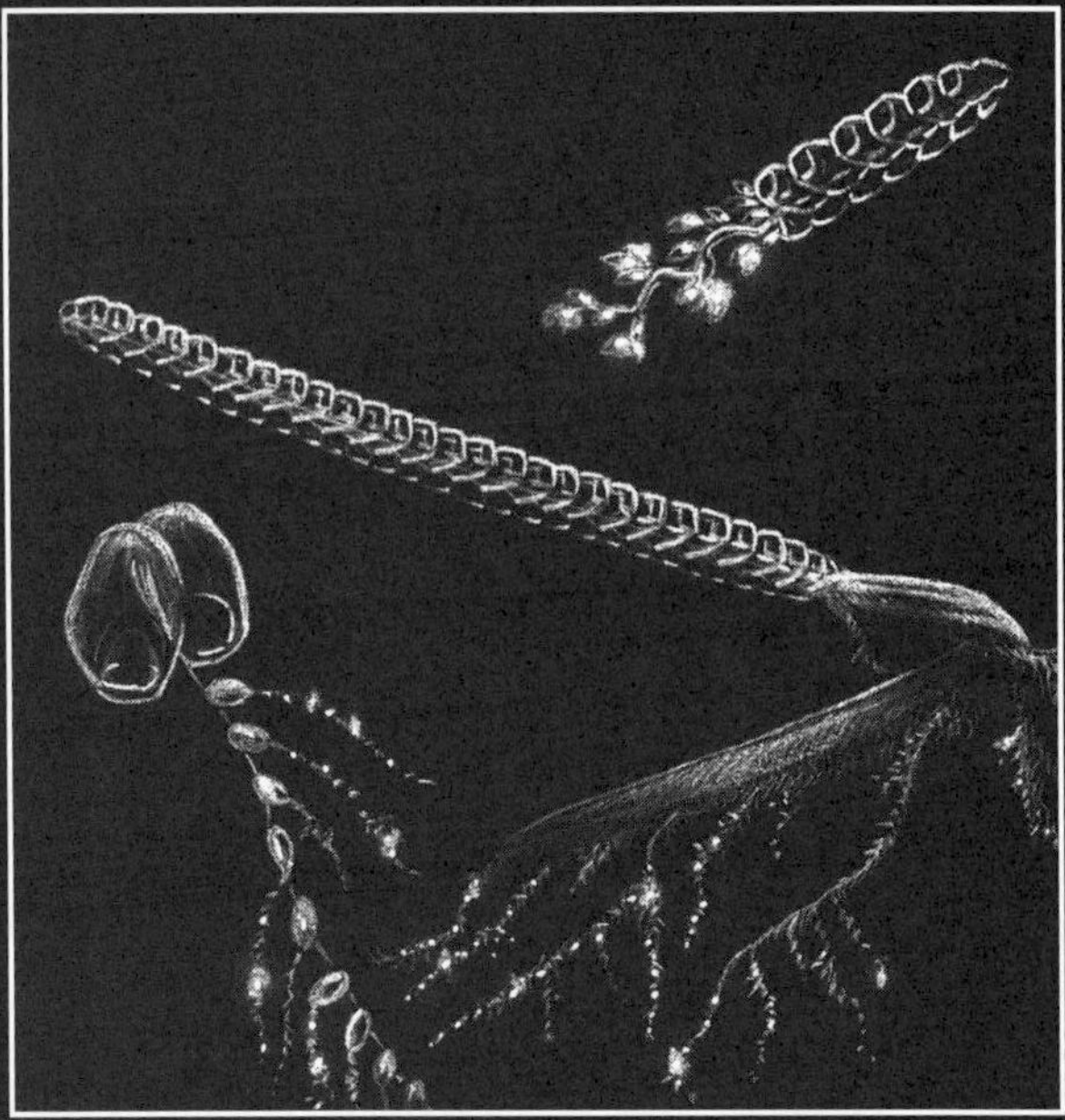

地球上でもっとも広い場所

「深海」というと、底のある真っ暗な世界、つまり「深海底」に近いところを想像する人は多いだろう。

しかし、実際の深海でもっとも広い棲息場所（ハビタット）は深海底ではなく、深海の〝水の中〟である。全海洋の平均水深は約３８００メートルで、人によっては大雑把《おおざっ》把《ぱ》に約４０００メートルとくくることもある。そのうち水深２００メートルを境に、それより上を「浅海」、または「表層」、それより下を「深海」という。水の層の厚さでいえば、浅海と深海の比は、２００：３６００、つまり、１：18だ。これがそのまま体積比になるから、深海の体積は海全体の約95パーセントにもなる。深海の水の広大さが感じられるだろうか。

この広大な深海の水の層はさらに「中層」（ミッドウォーター）と「深層」（漸深海層《ぜんしんかいそう》）とに分けられる。中層は水深２００〜１０００メートル、深層は水深１０００〜４０００メートルくらいだ。４０００メートルというのは全海洋の大雑把な平均水深で、それより深いところは深海層、さらに水深６０００メートルより深いところは超深海層という。ちなみに、細長い海底凹地《おうち》のうち、水深6000メートルよりも深いものを「海溝」といい、それより浅いと「トラフ」とよばれる。巨大地震を起こすといわれる相模トラフや南海トラフなどがそれに当たる。

ところで、中層（ミッドウォーター）と深層を分ける〝水深1000メートル〟にはどんな意味があるのだろう。たんに数字のキリがよいという人間都合の話ではなく、深海生物の話である。ある種の深海魚は、どうも深海1000メートルまで太陽光を感知できるらしいのだ。それは理論的にも水深860メートルと計算されているので、だいたいこのあたりの深さまでは「光合成はできないし、ヒトにとっても真っ暗闇だが、ある種の深海生物にはまだ薄暗い程度」なのだろう。しかも水の中だから、岩や砂や泥など身を隠す場所がないし、逃げこむ場所もない。ミッドウォーターは、捕食者から〝見られる〟という恐怖に満ちているのだ。

そういう中・深層で、もっとも多く目にするのはクラゲの仲間である。

深海に棲息するクラゲの研究は、これまではプランクトンネットを中・深層で曳《ひ》いて採集していた。ところが、体の90～99パーセントが水分でゼラチン質という軟らかい体をもつクラゲは、船上で研究者の目にふれる前にネットの中で崩れてしまい、満足な姿を観察することすら難しかった。そのため、中・深層に棲息する生物の現存量に占めるクラゲの割合は10パーセント前後と過小評価されていた。

にもかかわらず、実際、潜水船で観察された深海には、予想以上にクラゲの仲間が多く、中・深層の生態系においてクラゲが重要な役割を担っていることが徐々に分かってきた。とくに中・深層は、海上を吹く風や波浪の影響を受けず、水温や塩分などの変化のほとんどない安定した環境であり、崩れやすい体をもつクラゲにとっては棲息しやすい環境といえる。

表層をおもな棲息域とするクラゲについても、波浪時や、降水で塩分濃度が低下したときは、中層近くにまで沈み、表層の環境が落ち着くまで避難することが知られている。また、これまで表層に棲息すると考えられていたクラゲが、実際は水深400メートル近い深海に棲息する種類であったとする事例も報告されている。

クラゲの2つの生活史

クラゲと総じてよばれる生物は、分類学的には、刺胞《しほう》動物門にふくまれる、鉢虫《はちむし》綱、十文字クラゲ綱、箱虫《はこむし》綱、ヒドロ虫綱の浮遊生活世代（メデューサ）と、有櫛《ゆうしつ》動物門の有触手《ゆうしよくしゅ》綱と無触手綱にふくまれる生物の総称である。かつては、これら2つの動物門の生物は、腔腸《こうちょう》動物門としてひとつのグループに分類されていたが、体の作りや生活史が大きく異なることから、刺胞動物門と有櫛動物門の2つに分けられるようになった。

日本近海からは、これまでに約200種類近くのクラゲが記録されているが、その生態が解明されている種類は少ない。とくに中・深層に棲息するクラゲは、潜水船を用いた深海調査により、やっとその生態の一部が解明されはじめたにすぎない。

クラゲの生態学的な研究は、1960年代の高度経済成長がきっかけだった。もっと直接的にいえば、そのころから増えはじめた火力発電所である。火力発電所は冷却システムが生命線だが、その冷却水は海水でまかなわれている。その取水口からミズクラゲの大群が入りこみ、冷却システムを停止させる事件というか事故が起きたのである。まず、ミズクラゲ類の大量発生にともなう被害が世界各地で多発した。その後、エチゼンクラゲやキタミズクラゲ、クシクラゲ類などの大量発生も各地で見られるようになり、沿岸域における漁業被害が社会問題として頻繁《ひんぱん》にマスコミにとりあげられた。

クラゲは、有性生殖世代と無性生殖世代を繰り返す種類が多い。有性生殖世代のクラゲは、卵から生まれたプラヌラ幼生が、海底の岩や他の生物の体表上に付着してポリプというイソギンチャク型の姿になる期間をさす。ポリプは、無性生殖世代のはじまりであり、もっとも一般的な増殖では、ポリプにくびれができストロビラという相《そう》に変態する。やがて、ストロビラのひとつひとつのくびれは切れ、浮遊するエフィラ幼生となり、海中を浮遊する生態に生活型を変える。その後、メテフィラという相を経て、最終的にクラゲ（メデューサ）になって、雌雄のある有性世代となる。

ただし、これはいままでに知られているクラゲの生活史である。深海の中・深層には、ポリプの付着する基質が存在しないことから、この水深に棲息するクラゲは、他の生物の体表上や、浮遊生活をおこなうクラゲの体表上にポリプを付着させることが知られている。ヒドロ虫綱のクラゲではポリプそのものが分業化し、基質に付着せず、そのままクラゲとして泳ぐポリプとなる種類がいるなど、環境に適応した多様な生活史をもつようになっている。

カツオノエボシは、本当に世界最長か

現生で世界最大の動物は、最大で全長34メートルに達するシロナガスクジラとされる。この〝世界最大〟は、どこの長さを測るかにより結果は大きく異なってくる。実はクラゲの中にはシロナガスクジラより〝長い〟種類が存在する。

一般に〝電気クラゲ〟として悪名高いカツオノエボシ（もっとも、電気クラゲに刺されたとされる症例のほとんどは、別種のアンドンクラゲによる被害の場合が多いので、この悪名はカツオノエボシにとっては濡れ衣《ぎぬ》に近いだろう）の浮き袋の部分は10センチにも満たないが、触手は伸ばすと長い個体では50メートル近くなる。直径1ミリにも満たない1本の紐《ひも》状の触手なのだが、長いということだけならば、これが世界最長（最大）の動物ともいえなくはない。

深海には、もっと奇妙な〝長い〟生物がいる。深海に棲息するクダクラゲの仲間は、ときとして長い群体を形成する。たとえばマヨイアイオイクラゲは、総長40メートルに達する群体がこれまでに記録されている。

ただし、これは数センチの「個虫《こちゅう》」とよばれる個体が連結して、ひとつの生物のようなふるまいをしている姿であり、シロナガスクジラのように1頭の個体の体長が長いわけではない。前述のカツオノエボシも、1匹のクラゲのように見えるが、実際は、複数の個体が集まった姿である。

これを専門的には「群体」という。クダクラゲの群体はただの烏合《うごう》の衆ではなく、それぞれが特化した役割を果たしている。たとえば、遊泳のための個虫、エサをとるための個虫、生殖のための個虫など、それぞれ別の個体が、連結してあたかもひとつの個体のようなふるまいをする。遊泳する個虫には口がなく、エサを捕食する個虫から栄養分を分けてもらい、体を維持する。逆に、捕食を担当する個虫には遊泳能力がないので、遊泳能力を有する個虫に牽引《けんいん》してもらう。

一般的な生物の体は、同一の生物の細胞が、それぞれの器官を形成してそれぞれの役割を果たし、ひとつの生命体を維持している。そこでは、どれも〝自分の細胞〟である。しかし、クダクラゲの仲間は、細胞的には〝他人どうし〟の個虫（個体）が、それぞれの器官の役割を果たし、群体としてひとつの生命体になっている。しかも、同じ役割の個虫の寄せ集めではなく、それぞれが分業した高度な異業種集団、それが群体なのである。これがもし、遺伝的に均質だったら（専門的には「クローン」という）、それはもはや多細胞生物における〝個体〟と区別できなくなる。

深海に満ちる光

深海は、光のまったく届かない暗黒の世界というイメージをもたれることが多い。たしかに、太陽光は人間の目には水深200メートル程度までしか届かないので、それより深いところは人間には「光のない暗黒の世界」に〝見える〟かもしれない。

しかし意外なことに、潜水船から眺める深海は、クリスマスのイルミネーションに彩《いろど》られたような光の世界なのである。なぜなら、深海に棲む生物の多くが発光するからだ。発光能力をもつ生物は、刺胞動物、軟体動物、節足動物、毛顎《もうがく》動物、棘皮動物、脊索動物など、ほとんどの動物門から報告されている。

生物の発光のしくみは、大きく2通りに分けられる。みずからのエネルギーを使って発光する「一次発光」と、他の発光生物を利用する「二次発光」だ。このうち一次発光は、陸上の発光生物として知られるホタルの発光と同じで、ルシフェリンとルシフェラーゼの化学的な反応による発光である。海中では、ウミホタルやホタルイカなどがこれに当たる。また二次発光は、おもにチョウチンアンコウ類に見られ、メスの特徴的な釣り竿《ざお》の先にある擬餌状体《ぎじじょうたい》（エスカ）の中に、発光バクテリアを培養する構造をもつ。この内部で増殖させたバクテリアを光らせることにより発光する、いわば他力本願的な発光である。

生物がなぜ光るのかという問題は、多くの生物学者を悩ませつづけてきた。この問題に対する明確な答えはいまだに出ていない。ただし近年、潜水船を用いた発光生物の観察から、いくつかの可能性が考えられている。そのひとつは、「エサをおびき寄せるための発光」である。深海に棲息するチョウチンアンコウ類や数種のイカ、タコ類は、発光器の擬似餌を使って、エサとする生物を誘い捕食する生態をもつ。

深海クラゲの発光は、サクラエビに見られるような、自分の姿を隠すカウンター・イルミネーション（87ページ）が目的だろうと考えられていた。

しかし近年、潜水船で観察されたクラゲの生態は研究者たちを驚かせることとなった。外敵から身を隠すための発光と考えられていたクダクラゲ類の発光は、自分を隠すどころか、そのまったく逆で、エサをおびき寄せるための発光だったのである。

クダクラゲ類は青味を帯びた発光をするが、発光そのものは赤色の膜で覆《おお》われた発光器の中で起こるため、外部には赤い光に見える。このクラゲが触手にある発光器をリズミカルに光らせると、深海に棲息するカイアシ類の発光とよく似て見える。

おそらく、たまたまそのように発光するようになったクダクラゲが現われ、それをエサ（カイアシ類）と間違えた魚類が寄ってきた。それをクダクラゲが触手でつかまえて食べることで、よりよく生き残りやすくなるという適応進化があったのだろう。

深海クラゲの赤い胃の謎

深海に棲息するクラゲの多くが、その胃の周りに厚い膜や主に赤色の色素をもつ。

そんな深海のクラゲを潜水船から遠目に眺めると、体のほとんどが水分で透明なゼラチン質のため、胃だけが浮いているように見える。アカチョウチンクラゲなどはその顕著な例で、胃をとり囲む器官のみが深紅に染められている。クラゲは、体が透明なほど敵から捕食されにくくなり、よりよく生き残りやすくなるという適応進化をたどったと考えられる。

それにしても、アカチョウチンクラゲに代表されるように、深海に棲息するクラゲが胃だけに色をつけているのは、なぜだろう。

その理由はおそらくこうだ。私たちがふだん太陽光の下で物を見るときには、可視光線にふくまれる光の色の反射を見ている。しかし、この可視光線のうち赤色の光は海の中を浸透しにくく、海面での光量を100パーセントとすると、水深1メートルで45パーセント、10メートルにもなると16パーセントしか届かない。すなわち、アカチョウチンクラゲをはじめとする深海クラゲが棲息する水深500メートル以深には、実質的に赤い光が届かない。赤い光が存在しなければ、赤い物体は見えないわけであるから、体を赤くしていれば、深海では敵に見つかりにくいのである。

では、なぜ深海のクラゲの胃袋は、赤くなる必要があるのだろう。潜水船での観察から、この理由がようやく分かりはじめてきた。

深海でクラゲがエサとしている生物は、他のクラゲ類や、甲殻類の一種であるカイアシ類、もしくは魚類である。これら深海に棲息する生物たちは、クラゲ同様、発光能力をもっている。したがって、クラゲがこれらの生物を捕食すると、透明な胃袋をもったクラゲの場合、食べた生物が発光することで胃の中が光ってしまい、今度はそのクラゲ自身が他の生物から捕食される可能性が高くなってしまう。

そこで、これらのクラゲは胃袋から光が漏《も》れないよう、光をさえぎることにした。しかも、暗幕のような遮蔽物《しゃへいぶつ》ではなく、深海では〝赤〟は見えにくいということで赤いフィルターをかけるだけですませたのである。

クラゲにも地球温暖化の影響が？

これまで、深海の中・深層におけるクラゲ類の現存量は過小評価されていたため、生態系における重要性が注目されることはほとんどなかった。しかし、近年の研究結果から、たとえば、希少種と考えられていたアカチョウチンクラゲが水深500メートルよりも深い海域に、予想されていた現存量よりもはるかに多く棲息していることが分かった。そして、このアカチョウチンクラゲを中心とした生態系の姿が見えはじめてきた。

まず、傘長《さんちょう》が7センチほどの、さほど大きくはないアカチョウチンクラゲの体表は、体長2センチほどのウミグモ類の棲息場所（ハビタット）である。このことはすでに知られていたが、新たにヨコエビ類なども生活の足場として利用していることが観察された。アカチョウチンクラゲの体表はまた、他のクラゲのハビタットにもなっている。

一方、アカチョウチンクラゲ自身も幼少期、いわゆるポリプ期は、海洋表層のプランクトンのうち〝泳ぐ貝類〟として知られるイオウウキビシガイなどの殻に付着して大きくなることが分かった。つまり、クラゲはその生活史において、表・中・深層と海洋を広く利用し、それぞれの成長段階でもっとも棲息しやすい環境を選択していると考えられる。アカチョウチンクラゲなど深海クラゲ類の多くも生活史を通して、中・深層だけでなく、表層まで生活空間として利用している。そして、彼らの生態になんと地球温暖化の〝犯人〟のひとつとされている二酸化炭素（CO_2）が影響しうることも分かってきた。

　排出された二酸化炭素が大気中で増えてくると、つぎにそれが海水に溶けこんでいく。海水中の二酸化炭素が増えると、現在は弱アルカリ性の海水がやや酸性化する。すると、石灰質が溶けやすくなるので、石灰質の殻をもつ微細な円石藻《えんせきそう》や軟体動物（貝類）などが悪影響を受けるかもしれない。そして、これらの生物を食べたり、ハビタットにしたりして深海クラゲが利用しているとすれば、その影響は深海にまでおよぶことになることが懸念されているのだ。

　でも、それは人間的な時間スケールでの話だ。この現象を地質学的な時間スケールで眺めてみるとどうだろう。地球は、過去に何度も温暖化と寒冷化を繰り返してきた。海洋の酸性化も繰り返されたことだろう。クラゲの出現は、（やや疑わしいモノもあるが）化石記録では、先カンブリア紀のおよそ6億年前までさかのぼることができる。また、明らかにクラゲと考えられる化石は、およそ1億年前の白亜紀の地層から産出している。つまりクラゲは、もう何度も地球温暖化や海洋酸性化を経験してきたにちがいない。

現在進行している海洋酸性化は、これまでのものに比べて、いちじるしく速いことが危惧されている。ゆっくりした変化なら生きものもついてこれるが、速い変化には対応できず、死に絶えてしまうものが出るのではないか。たしかにそういう考えもある。

その一方で、クラゲをはじめ、海洋酸性化の影響をこうむる生物が、絶滅せず現在にまで連綿と生きながらえていることを考えると、仮にこのまま海洋酸性化が進んだとしても、生物や生態系はそれに対応した遷移《せんい》が起こっていくだけという考え方もある。ただ、まだよく分からないときは、いきなり無害を信じこむより、有害だった場合に備えるほうが賢明だろう。

6章　チョウチンアンコウ

——大きなメスと小さなオス

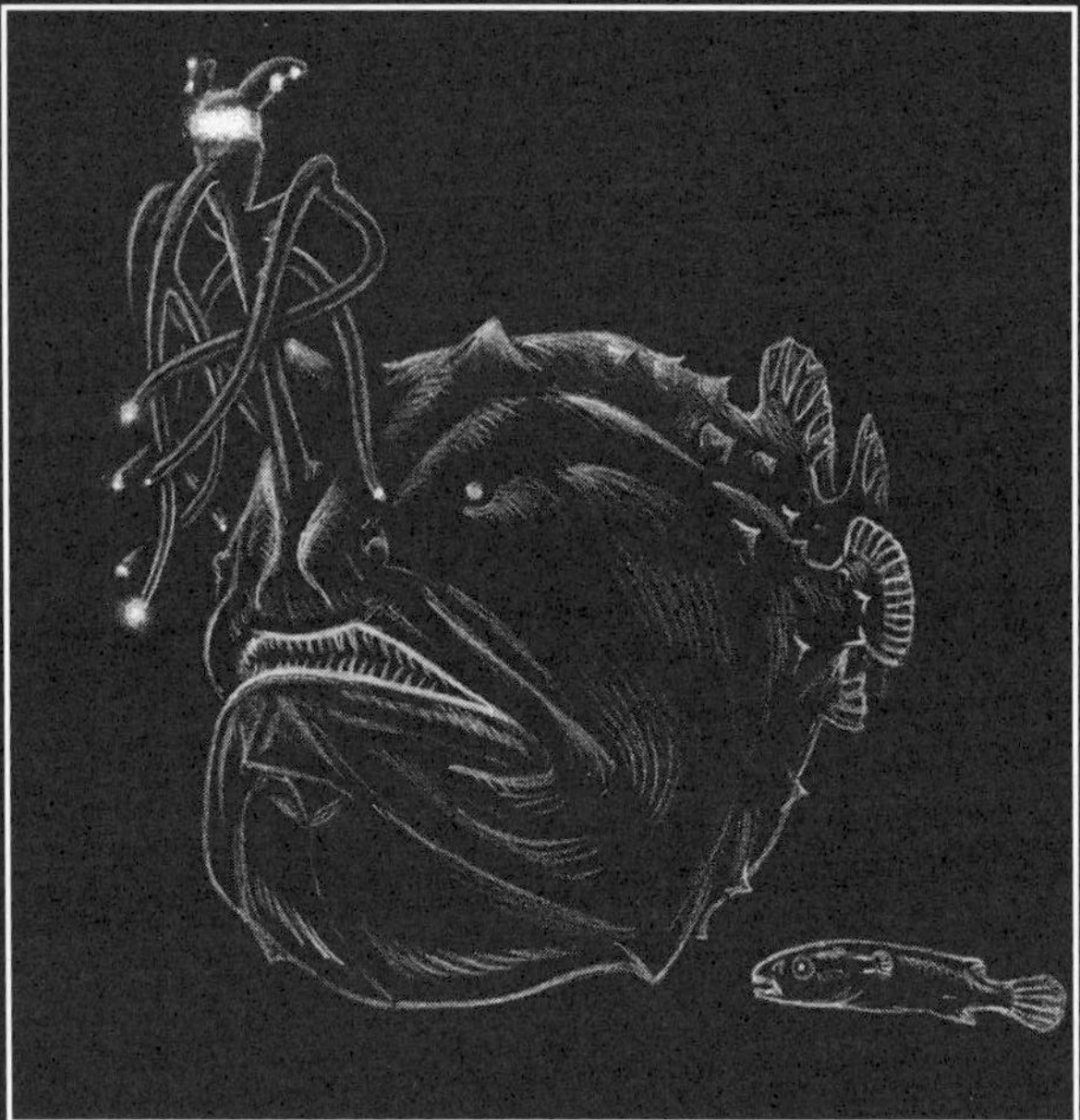

日本一長い名前をもつ魚

ミツクリエナガチョウチンアンコウという、16文字の長い和名をもつ魚がいる。落語に出てくる「寿限無寿限無《じゅげむじゅげむ》五劫《ごこう》の擦《す》り切れ海砂利水魚《かいじゃりすいぎょ》の水行末《すいぎょうまつ》雲来末風来末食う寝る処《ところ》に住む処藪《やぶ》ら柑子《こうじ》のぶら柑子《こうじ》……」のごとき長い名前である。ある男が、生まれた子供がいつまでも元気で長生きできるようにと和尚に名前を考えてもらった。すると縁起のいい言葉をいくつも紹介され、迷ったあげくに全部つけてしまったという話であるが、同じように長い和名がつけられているからといって、ミツクリエナガチョウチンアンコウがそれほど長寿ということはなさそうである（実際の寿命が科学的に証明されたことはないのだが）。

ちなみに、このほかに長い和名をもつ魚類は、ジョルダンヒレナガチョウチンアンコウ（18文字）、ウケグチノホソミオナガノオキナハギ（17文字）、ケナシヒレナガチョウチンアンコウ（16文字）がある。これらは、その名が知られたミツクリエナガチョウチンアンコウに対抗しようと、研究者が意図的に「日本一長い魚の和名」を狙ってつけたものである。

意図的に「日本一長い和名」を狙ったわけではないが、実は私たちも長い和名を提唱したことがある。薩摩硫黄島《さつまいおうじま》沖の深海で採集した二枚貝にニヨリツギノウミタケガイモドキ（15文字）という和名を提唱したのだ。もともとウミタケガイという二枚貝がいて、それに似た種にウミタケガイモドキがいる。さらにこれによく似た種にツギノウミタケガイモドキという和名がつけられており、私たちが記録したのは、このツギノウミタケガイモドキによく似た別種だった。それでニヨリツギノウミタケガイモドキ（似寄《によ》り次《つぎ》の海茸貝擬《うみたけかいもど》き）となってしまった。モドキ（擬き）であるうえに、ニヨリ（似寄り）だの、ツギノ（次の）だの、ニセモノ感に満ちた和名で恐縮だが、とりあえず「日本一長い二枚貝の和名」をゲットしたしだいである。

16文字のミツクリエナガチョウチンアンコウは、1907年、相模湾の水深約1400メートル（原著では800ファゾム）から標本商アラン・オーストンによって採集された標本をもとに名づけられた。名をつけたのは「日本の魚類学の父」とよばれた田中茂穂《たなかしげほ》。彼の恩師であった東京大学三崎臨海実験所初代所長の箕作佳吉《みつくりかきち》に献名したものである。

本来は学名も *Cryptopsaras mitsukurii* と、箕作の名がついていたが、その後の研究によって、テオドール・ギルが田中より前に記載していた *Cryptopsaras couesii* と同一種とされ、この学名は現在使われておらず、和名にのみ箕作の名が残っている。

チョウチンアンコウ上科の魚類は、深海魚を代表するような奇妙な姿の種類が多い。おそらく、頭部から釣り竿《ざお》のように長く突き出た「イリシウム」とよばれる誘引《ゆういん》突起（いわゆる提灯《ちょうちん》）が、その奇妙さを際立《きわだ》たせているのだろう。実はこのイリシウム、浅い海に棲息するカエルアンコウをはじめ、この仲間に共通して見られる特徴であり、深海に棲息する種類だけがもっている特徴というわけではない。視覚によりエサを誘引する器官であるため、深海よりもむしろ光の届く浅海に棲息する種類のほうが効果的に利用している器官である。

冬の風物詩にアンコウ鍋がある。その材料となるキアンコウ（ホンアンコウ、アンコウ科）もまた、このイリシウムをもつので、しばしばチョウチンアンコウ（チョウチンアンコウ科）と間違われる。しかし、鍋物に使うキアンコウの仲間は水深30～500メートルの海底に棲息する種類であり、深海の中層を漂泳《ひょうえい》するチョウチンアンコウとは、同じネコ目《もく》の中のネコ（ネコ科）とイヌ（イヌ科）ほどにも異なる生物である。

ややこしい分類学の話をすると、アンコウ目という分類群には18科ある（ある遺伝子の解析では16科という説もある）。チョウチンアンコウに近縁なグループであるアカグツ類、カエルアンコウ類、フサアンコウ類は、いずれも胸ビレを進化させて、海底を歩くように移動する生態をもった種類である。それに対し、チョウチンアンコウ類は胸ビレを退化し、中層を漂う生態をもつ。そのメスの眼はきわめて小さく、骨格も、他の魚類に比べると柔軟で薄い。体の皮膚は網に擦《す》れただけで剝《は》がれてしまうほど薄く、その下の肉はゼリー状で軟らかく、中層を漂うのに適応した形態をもつ。

ミツクリエナガチョウチンアンコウを記載した田中茂穂が、「これほど黒い生き物は見たことがない」と記述したように、チョウチンアンコウの仲間は、体表がすべて黒色か褐色であるだけでなく、口腔内（口の中）まで真っ黒な魚である。また、深海に棲息する魚類のうち、もっとも種の多様性が高いのがこのチョウチンアンコウの仲間であり、これまでに11科35属１５８種が知られている。

生きたまま拾われたチョウチンアンコウ

1967年2月22日、夕暮れの鎌倉・坂ノ下海岸で、阿部英治《あべえいじ》は波打ち際に打ちあがった何かを蹴飛《けと》ばした。すると不思議なことに、その何かが青白い光を放った。よく見ると、それは見慣れない奇妙な形の魚だった。彼は、近くに落ちていたダンボールを拾い、この魚を入れ、8キロほど離れたところにある江《え》の島《しま》水族館（現在の新江ノ島水族館）へすぐさま持ちこんだ。届けられた魚をひと目見た江の島水族館の飼育係は驚いた。ダンボールに入っていた魚は、なんと水深600～1200メートル付近に棲息しているはずの深海魚チョウチンアンコウだったのである。

チョウチンアンコウは、死んで海岸に打ちあげられるだけでもニュースになるのに、それが生きているのだ。江の島水族館では、当時の飼育課長であった廣崎芳次《ひろさきよしじ》、飼育係長の福井洸一《ふくいこういち》を中心に、当日夜勤の宿直であった飼育スタッフらが対応にあたった。また、チョウチンアンコウが江の島水族館に運ばれたとの知らせを受け、当時、横須賀市自然博物館の館長で、発光生物の研究者であった羽根田弥太《はねだやた》も夜中の江の島水族館に駆けつけ、日本ではじめて生きたチョウチンアンコウの科学的な観察がおこなわれた。

羽根田がのちに語っていることだが、生きたチョウチンアンコウが採集されたという電話を受けた瞬間は、何かの間違いではないかと思ったという。それでも江の島水族館へ行ったのには理由があった。実は世界で最初に採集されたチョウチンアンコウも、海岸に打ちあげられたものである。1833年、グリーンランドの海岸で見つかった個体は、すでに海鳥にあちこちつつかれ、ボロボロの状態であったそうだ。現在残っているのは、イリシウム（提灯）の部分のみである。連絡を受けた羽根田が、ウソではないかと思いながらも水族館に駆けつけたのは、チョウチンアンコウの最初の発見事例を知っていたからだろう。さほどに〝知〟は大切なのである。

江の島水族館に持ちこまれたチョウチンアンコウは、飼育スタッフの努力の甲斐あって、低温水槽で8日間生きつづけた。この間、羽根田は毎日、職場の博物館ではなく水族館に通ってチョウチンアンコウの観察を続け、これまで世界に例のなかった発光生態を報告した。

チョウチンアンコウは、刺激をするとイリシウムの先にあるエスカという器官から発光液を放出する。発光液は魚の体長と同じくらいまで雲のように光りながら流れ、30秒ほどで光を失うことや、エスカの左右にあるフィラメントの先端にも発光器があり、キラキラとハタキのように動きながら光ることが世界ではじめて観察された。

もっとも大きな発見は、発光の仕組みがこれまで考えられていたものとは違っていたことであろう。羽根田氏の観察以前は、チョウチンアンコウの発光器に孔《あな》があり、体外から発光細菌をとり入れて発光する二次発光と考えられていた。しかし、この観察によって、発光器から発光細菌は検出されず、みずからが作りだす発光物質によって光っている可能性が指摘されたのである。

チョウチンアンコウの小さいオス

ノミの夫婦という、ことわざがある。ノミはオスよりメスのほうが大きいところから、夫より妻のほうが大きい夫婦をさしたのであるが、冷静に考えてみると不思議な気がする。

たとえば、私たちが目にする機会の多いイヌノミの場合、メスの体長1・6〜2・

0ミリ、オスの体長1・2～1・8ミリで、最大の体長差を考えても雌雄《しゆう》の差は0・8ミリ程度しかない。よほどたくさんノミをあつめて見比べれば分かるのかもしれないが、ピョンピョン素早く跳《は》ねるノミを同時にそんなに集めて大きさを比べられるだろうか。仮に集めたとして、大きい個体がメスだとどうして分かったのだろう。

それはさておき、生物界を見渡すと、ノミに限らず、同じように雌雄の体格差がある生物はたくさんいる。深海生物でいうと、タコ界で最大級のカンテンダコは、メスが体長4メートル、体重75キロの例もある。しかし、そのオスは30センチ程度という体格差だ。こういう現象を「矮雄《わいゆう》」という。

身近な例をあげるなら、人間の卵子と精子の場合もそうである。卵子は100分の15ミリあるのに、精子は長い尾っぽを入れても100分の6ミリ、本体だけだとその10分の1以下（100分の0・5ミリ）しかない。なぜ、メスとオスとでそんなに大きさが違うのだろう。これもまた適応進化の結果なのだろう。

本章の主役であるチョウチンアンコウ類も、雌雄の体格差がいちじるしい生物のひとつである。博物館などで標本として展示されているチョウチンアンコウ類は、すべてメスといっても間違いはない。なぜならチョウチンアンコウを例にすると、メスは体長45センチ前後に達するが、オスは成体でも体長4センチほどにすぎない。オスとメスの体長は10倍以上、体重（体積）にすると1000倍以上も異なることになる。

ただ、採集される機会が少ないことに加え、とにかく小さいということが、チョウチンアンコウのオスの悲劇である。そのため、過去にはチョウチンアンコウ類はメスしか報告されていなかった時代も長いことあった。同じような傾向は、深海に棲息するクジラウオ科の魚類でも知られている。

チョウチンアンコウの仲間のオスが発見されたのは、1922年のことで（実はもっと昔から発見されていたのだが、気づかれなかった）、当初はチョウチンアンコウのオスとしてではなく、チョウチンアンコウに〝寄生する奇妙な小さな魚〟として報告された。その3年後、別の標本をもとに解剖学的な見地から、寄生しているのは別の魚ではなくチョウチンアンコウの矮小化したオス「矮雄」であると判明したのである。

広大な深海の中層を漂泳するチョウチンアンコウのオスとメスは、出会いのチャンスがとても少ないはずだ。その環境に適応したのが、チョウチンアンコウに見られる独自の繁殖生態である。

チョウチンアンコウのオスは、メスに比べ大きな眼と発達した嗅覚器官をもっている。これを利用して広い海洋を漂いながらメスを探す。逆に成熟したメスは、性フェロモンを分泌しオスに存在を知らせていると考えられている。オスはメスを見つけるとすぐにメスの体表に噛《か》みつく。オスの歯は、種類によって少しばかりの差はあるものの、鋭く「くさび状」になっており、メスの薄い皮膚を貫通し、ゼリー状の肉に簡単には外れないほど強く噛みつく。

オスが噛みつくと、メスは特殊な酵素を分泌する。噛みついたオスの唇とメスの皮膚血管が融合し、やがてオスはメスの血液から栄養分を得るようになる。つまり、〝ヒモ〟に変化するのである。その後、オスの体は、メスの体から供給されるホルモンの影響で、大きかった眼が退化し、自発的な呼吸が停止する。また、内臓部は退化し、精巣のみがいちじるしく発達する。そして、メスの産卵期が近くなると、血液を通じオスにもホルモンが送られ、産卵のタイミングと同調した放精がおこなわれる。本来は雌雄異体の生物が、まるで雌雄同体の生物のようにふるまうのである。いや、これは〝究極のヒモ〟だ。

少し前までは、チョウチンアンコウの仲間は、みなこのようにオスがメスに寄生する繁殖生態をもつと考えられていたが、近年の研究から、いくつかのバリエーションがあることが分かってきた。産卵期のみオスがメスに寄生する一時付着型や、寄生しなくても受精することのできる任意寄生型、そして、前述のようにオスがメスに取りこまれる完全寄生型の生態である。オスが完全にメスに取りこまれる生態は、ミツクリエナガチョウチンアンコウやキバアンコウなどのごく一部に見られるだけで、もっともよく研究されているチョウチンアンコウは意外なことに、一時付着型の生態をもつことが判明した。

〝婚活地獄〟――めったに異性と出会えない！

ここでひとつの疑問が出てくる。これまではオスは同種のメスに寄生すると思われていたが、本当に同種なのか確かめられた例がなかった。最近やっと遺伝子を用いた研究がなされるようになってきたものの、実際のところまだよく分かっていない。なにしろチョウチンアンコウ類のオスは、一定時間内にメスに寄生できないと、そのまま死滅してしまうことがある。だから死にものぐるいでメスを探すのだが、同種のメスが見つかるとは限らないだろう。仕方なく別の種類のメスに寄生している可能性も否定できない。

さらに、チョウチンアンコウ類のメスは、オスが寄生することが引き金となって卵巣が発達し最終成熟が起こるため、寄生という行動そのものが繁殖行動をおこなうための必須条件となる。1匹のメスに対して数十匹のオスが寄生していた事例も報告されており、このような場合、メスは寄生した多数のオスに対して多くの栄養分を供給しなくてはならない。

このようなオスとメスどちらにとってもリスクの大きい繁殖生態は、浅海に棲息する魚類には見られない。深海に棲息するチョウチンアンコウの〝婚活〟は、命がけなのである。

オスとメスとは、何なのだろうか。一般的には、有性生殖をおこなう生物の性成熟した個体のうち、相対的に小さな配偶子（精子）を生産する個体がオス、大きな配偶子（卵子）を生産する個体がメスと定義される。ヒトは生まれたときからオス・メスの性が決定づけられているために、他の生物も同様だろうと思いがちだが、ヒトのように性別が生まれたときから決定づけられ、そして生涯にわたって変化しない性をもつ生物のほうが実際は少ない。また、明確にオスとメスの区別ができない生物のほうが多いのである。

深海魚の場合、中・深層に棲息するフデエソ科やミズウオ科、深海底に棲息するチョウチンハダカ科のサンキャクウオ（三脚魚）やシンカイエソ科の数種は、同一個体が同時にオス・メス両方の生殖機能をもち、なおかつオス・メスどちらの役割もできる「同時的雌雄同体」とよばれる性をもつ。この繁殖生態は、同時に両性の生殖腺を維持するため繁殖に費やすエネルギーの負担が倍近くなってしまうというデメリットがある。しかし、そもそも出会いのチャンスが少ない深海において、せっかく出会った2人——いや2個体が同性だったらガッカリだ。でも、この繁殖方法なら、出会いはいつも成功する。同種の生物が2個体出会いさえすれば繁殖が可能というメリットが勝っているため、適応の成功度が高い繁殖戦略と考えられている。

チョウチンアンコウのように、小さなオスが大きなメスを探して寄生するという生態もあれば、ナガヅエエソ（サンキャクウオ）などのように、1個体でメスにもオスにもなりうる生態がある。これらはいずれも、深海の〝婚活地獄〟に適応進化したものと考えられる。

深海に棲息する魚類の繁殖には、浅海に棲息する魚類に比べ、棲息空間があまりにも広大すぎるため、同種の雌雄が出会う確率がいちじるしく低いのだが、さらに、深海にあるエサ資源がいちじるしく少ないという問題も起こってくる。つまり、2つの制限要因が存在している。

これを解決するためのひとつのアイデアとして、ヨコエソ科やオニハダカ科では、すべての個体がいったんオスとして成熟し、一定サイズに達するとメスに性転換する種類が見られる。これを「雄性先熟《ゆうせいせんじゅく》雌雄同体」といい、小さな個体は小さな生殖細胞である精子を、大きな個体は大きな生殖細胞である卵子を形成する。

さらに、ゲンゲ科やニセイタチウオ科には、幼魚がすでに性成熟している、いいかえれば稚魚の姿と成魚の姿がほとんど変わらないという種類がある。これなど、深海の〝婚活地獄〟に適応して進化した、もうひとつの繁殖生態〝究極のロリコン系〟といえるのではないか。

この〝ロリータ熟女〟ともいうべき生態には、成長にともなう変態にエネルギーを極力かけないですむメリットがあると考えられ、水深6000メートル以深の超深海層に棲息するアシロ科のヨミノアシロや、クサウオ科のシンカイクサウオにも共通して見られる特徴である。そのことから、チョウチンアンコウより深いところに棲む生物にとっては、雌雄の出会う確率の低さよりも、エサの乏しさに対する適応が優先されるべき要因となり、また違った繁殖生態に適応進化したのだろう。

このような繁殖戦略をもつ深海魚には共通して、体の比重を海水に近づけ、運動にかかるエネルギーの消費を極力抑える傾向が見られる。超深海層では、いかに効率よく少ないエサからエネルギーをとりだし利用するかという、〝省エネ対策〟が、生き残るためのもっとも重要な課題となる。

7章　ラブカ

——深海のサメ

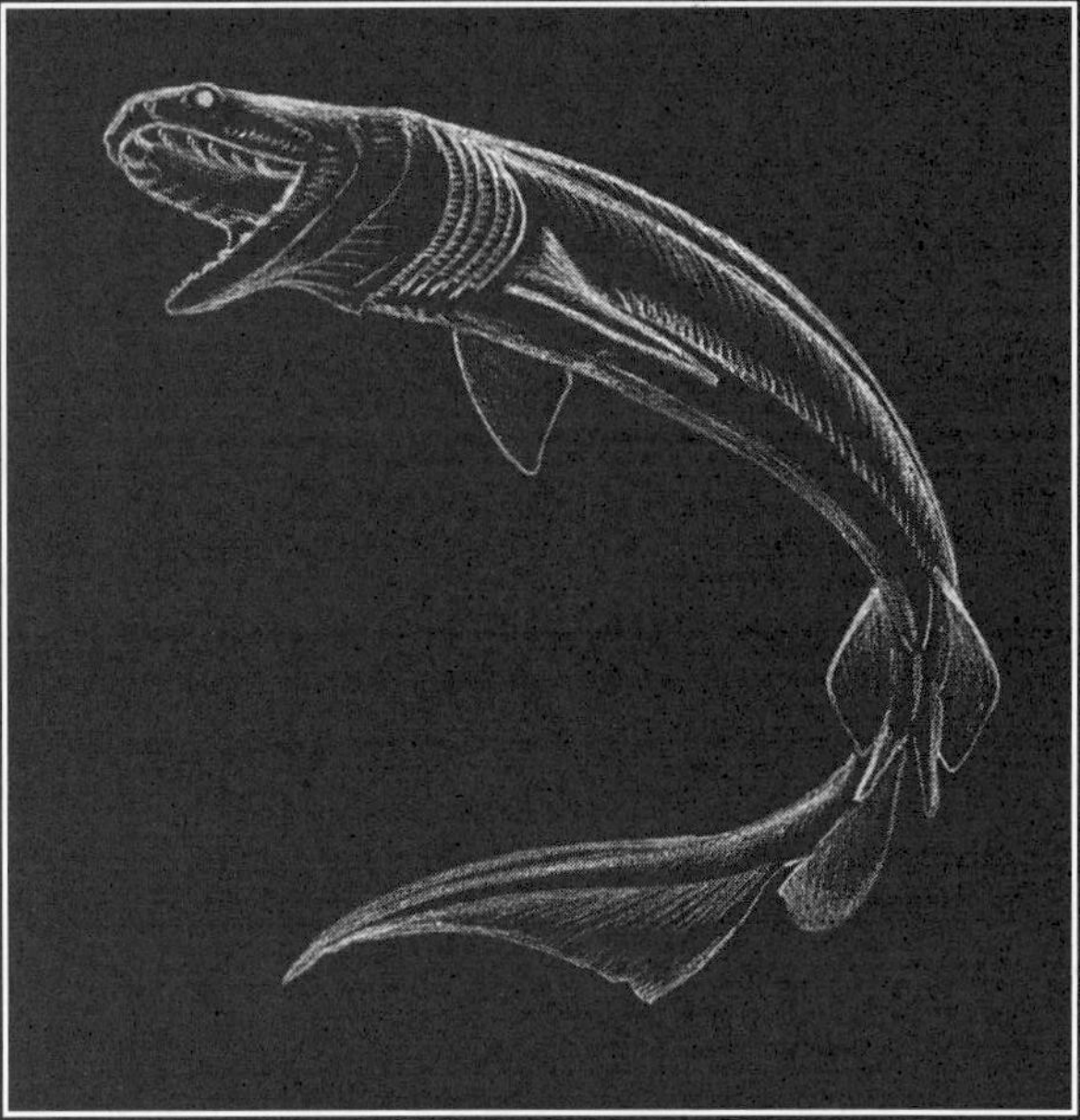

古生代の生き残り？

深海生物は、その奇妙な姿形から、太古の昔から連綿と進化を忘れて生きながらえているイメージをもたれることが多い。とくに生物としての起源が古いとされるサメ類は、一般的なサメとは異なる風貌をもつ種類が深海には多い。しかし、これらはあくまでも見た目のイメージにすぎない。現代科学の視点で深海のサメたちを眺めてみると、その答えはかなり違ってくる。

アメリカの魚類学者サミュエル・ガーマンにより、1884年に相模湾で採集された1匹のメスのサメが *Chlamydoselachus anguineus* という学名で報告された。のちにラブカとよばれる深海ザメである。ガーマンのつけた種小名 *anguineus* は、ウナギの属名である *Anguilla* に由来し、「ウナギ型の」という意味をもつ。ガーマンは、この奇妙なサメを古生代デボン紀（4億1600万～3億5920万年前）に栄えたクラドセラケと同じグループにふくまれる板鰓《ばんさい》類の生き残りと考え、ラブカに対して新科、新属、新種を創設した。

ちなみに、ラブカという和名は、漢字で書くと「羅鱶」。羅紗《らしゃ》（織物）のごとくなめらかな皮膚をもつ（ように見える）「フカ」という意味である。

ラブカは、現生種の他のサメと比べて多くの異なった形態をもつ。もっとも特徴的な違いは、その歯の形状にある。一般的なサメの歯は、映画「ジョーズ」に登場するホホジロザメ（一般にはホオジロザメと表記されることも多い）に代表されるような、凸がひとつしかない歯冠《しかん》からなる。これに対して、ラブカの歯冠は三つ又型をしている。このような三つ又型の歯をもつ種類は、デボン紀に繁栄し絶滅した祖先的なサメ類に共通して見られる特徴なのである。こうしてラブカは、「生きている化石」として注目されるようになった。

歯と鱗《うろこ》の深い関係

ここで「歯」とは、いったいどのような器官なのかということを考えてみよう。それが口腔（口）の中にあり、物を咀嚼《そしゃく》する器官であることは分かっているが、その起源についてはいまだに謎が多い。その謎を解く手がかりは、サメをはじめとした軟骨魚類にあると考えられている。

軟骨魚類であるサメ類の皮膚には、骨質の基底板と、体外に向かい棘《とげ》状に突出する「楯鱗《じゅんりん》」とよばれる鱗《うろこ》がある。この鱗は、外側からエナメル質、象牙質、髄腔《ずいこう》の3つの構造からなる。これは、表面に硬質のエナメル質があり、その内側に歯の主成分である象牙質、もっとも内側に軟組織の神経である歯髄がある。脊椎動物の歯の構造とほぼ一致している。「鮫肌《さめはだ》」という言葉があるように、サメ類特有の皮膚のザラザラは、この楯鱗に由来する。

同じ鱗でも、タイなどの硬骨魚類に見られる鱗は、骨質のみからできており、楯鱗のような構造が認められないだけでなく、鱗そのものが表皮で覆われていることで軟骨魚類の楯鱗とは異なる。

サメの皮膚にある楯鱗と歯は、相同《そうどう》の構造をもつことが古くから知られていた。つまりサメは、歯と鱗が似ているのである。このことに着目した19世紀のドイツの発生生物学者オスカー・ヘルトウィヒは、歯がサメの楯鱗に由来するという「楯鱗由来仮説」を提唱した。

皮膚は、内臓を防御するためだけのものでなく、感覚器官に由来したものであると考えられている。ヘルトウィヒは感覚器官として特殊化した皮膚が姿を変えて楯鱗になり、さらに機能を変えて口腔内に広がったものが歯であると考えたのである。

古生代に出現した絶滅種であり、歯をもたない魚類としても知られる甲冑魚《かっちゅうぎょ》は、名前の示すとおり、体の表面が甲冑のように楯鱗で覆われた魚である。この甲冑魚の楯鱗もサメの楯鱗と同様、小さな突起が並び、突起は象牙質から構成されていたことが分かっている。これら絶滅した魚類の記録から、歯をもつ魚よりも先に楯鱗をもつ魚類が繁栄していたことが証明されているのだ。

また、ヒトの口腔内の常在細菌に感染することによって歯が欠損する「う蝕《しょく》」（いわゆる虫歯）ができると痛みを感じるのも、歯が本来、感覚器官である皮膚に由来しているためと考えられている。

では、硬骨魚類の鱗は何に由来しているのだろうか。これまで、皮膚は外胚葉《がいはいよう》（神《しん》経堤《けいてい》細胞）に、骨（内骨格）は中胚葉にそれぞれ由来して発生すると考えられてきた。したがって、体を覆う典型的な外骨格である硬骨魚類の鱗は、皮膚（外胚葉由来）の器官と推測されていた。しかし、メダカの発生の詳細な研究結果から、鱗は骨と同じように中胚葉由来の細胞から発生することが確認された。

骨や歯などの硬組織《こう》は、硬いがゆえに、どちらかというと、いったんできたら変わらないし、できる部位も決まりきっていて変わらない印象がある。しかし実際には、いままで考えられていた以上に体内で柔軟に変化する特性をもっているようだ。これまで皮膚が変化したものと考えられていた硬骨魚類の鱗も、実際は骨が変化したものだったということになる。そうすると、軟骨魚類の楯鱗もこれまで考えられていたように皮膚起源ではなく、むしろ骨起源であり、そこからさらに歯へ変化したものと思われる。

ラブカは、本当に「生きている化石」か

ラブカが「生きている化石」とされてきた理由は、歯の形状だけではない。解剖学的な知見では、顎と頭骨がつながるのが眼の後ろであることや、背骨（椎骨《ついこつ》）が未発達であることも、そう考えられてきた理由である。

ここで、「生きている化石」が、どういった生き物をさすのかを振り返っておこう。

この言葉は、かのチャールズ・ダーウィンが著書『種の起源』の中で、化石として記録されている生物とほとんど形態が変わらないと考えたカモノハシやハイギョ、シャミセンガイを、living fossil と表現したことに始まる。現在では、この言葉は、太古の昔から現在までほとんど進化せずに生き残った生物をさすという解釈が一般的になり、植物ではメタセコイア、動物ではシーラカンスやカブトガニなどがその一例としてあげられることが多い。

しかし、どんな生物種でも変化（進化）せずにいられない。太古の昔からずっとそのままではいられないのだ。それで、「生きている化石」とされている生物の起源を再検討してみると、ほとんどの場合、過去に生存していた種と直接関わりがない、地質年代的には新しい時代に地球上に出現した、「古い形の生物に似た種類」であることが多い。

ラブカも、この観点から調べ直してみると、「生きている化石」としてはいろいろと不自然な点があげられる。顎と頭骨が、眼の後ろで連結した構造が原始的であると述べたが、これはラブカだけでなく、深海に多いツノザメ目に共通する特徴である。

また、一般的なサメは5対の鰓裂《さいれつ》をもつのに対して、ラブカはこれよりも1対多い6対の鰓裂をもつ。この鰓裂の数も原始的な形質と考えられていたが、例外的にシロカグラザメも、ラブカと同じ6対の鰓裂をもつことが知られている。

その体型は、いかにも古代のサメを彷彿《ほうふつ》させる姿ではあるが、骨格や筋肉において現生の他のサメとの差異は認められない。それどころか、ラブカだってラブカなりに進化したところがある。それは口器《こうき》（いわゆる口）だ。一般的なサメの口が体の下面にあるのに対して、ラブカの口は体の先端にある。これはラブカが原始的であることの根拠とされているが、実はこうなることで、イカなどを捕食しやすくなったのだ。つまり原始的というよりは進化した結果と考えることができるのである。

さらに、ラブカ科の最古の化石は、白亜紀中期（9500万年前）から知られ、化石の記録から大型～小型の複数の種類が過去には浅海に棲息していたことが判明している。現在のように深海に適応したのは中新世《ちゅうしんせい》（2300万～500万年前）になってからとされていることから、現存するラブカの起源は、比較的新しい地質時代に浅海から深海へ適応した種類と考えられる。見た目は「生きている化石」であるが、中身は

「現代を生きるサメ」そのものなのである。

深海に適応した繁殖生態

ラブカの繁殖生態も、明暗や寒暖などの季節性がない深海に適応して進化したと考えられる。成熟したメスの排卵は、2週間ごと数カ月におよぶ。これに対し、オスの生殖腺は一年中ほぼ変化しないことから、明瞭な繁殖期はないと考えられる。生殖に季節性がないのは、いかにも深海生物らしい。

さらに、受精した卵の胚発生は極端に遅く、妊娠期間は短くても3年半におよぶと推測されている。いろいろなプロセスがゆっくりとしているのも、やはりまた深海生物っぽい。

ラブカは、ふつうの魚が卵を産むような「卵生《らんせい》」ではなく、おかあさんのお腹の中で卵から孵《かえ》ってしまう「卵胎生《らんたいせい》」である。胎仔《たいし》は、卵殻の中で全長60~80ミリに成長すると、卵殻を出て、母親の子宮内で体長約55センチ、体重380グラムまで成長してから生まれる。一腹《ひとはら》の胎仔数は2~10個体で平均6個体である。深海という環境ではオスとメスが出会う確率が低いために、明確な繁殖期をもたない進化を遂げたのとともに、妊娠期間を長くすることにより、より大きな胎仔を卵胎生で産みだすという繁殖様式は、これもまた深海に適応した生態と考えられる。

やはり「生きている化石」とよばれたミツクリザメ

大きく突出した吻《ふん》（魚類をふくむ脊椎《せきつい》動物では、口より前の部分を〝吻〟とよぶ）、それはブレードのようである。吻の後ろには、嘴《くちばし》のように飛び出した顎《あご》がある。その異形からテングザメの別名をもつミツクリザメもまた、ラブカ同様「生きている化石」とよばれる深海ザメである。英名は、ゴブリンシャーク（悪鬼のサメ）と、ちょっと恐そうだ。

ミツクリザメの学名 *Mitsukurina owstoni*（Jordan, 1898）は、属名である *Mitsukurina* が、箕作佳吉に、種名である *owstoni* は、日本で標本商をしていたアラン・オーストンにそれぞれ献名されたものである。そして命名者は、スタンフォード大学で魚類の研究をおこなっていたデイビッド・スター・ジョーダン。日本の生物学の黎明《れいめい》期に活躍した錚々《そうそう》たる人物の名前が並ぶその学名は、以下のような経緯でつけられた。

1871年ごろ来日したアラン・オーストンは、当時横浜で営んでいた貿易商のかたわら、みずから所有するヨットを用い、ドレッジなどによって採集した珍しい生物標本を大富豪ロスチャイルド家などに販売する標本商でもあった。商売と同時にオーストンは、珍しい標本の一部を研究者には無償で提供していた。この提供先のひとつが、当時まだ開設されたばかりの三崎臨海実験所の所長、箕作佳吉であった。

箕作は、オーストンから提供された標本をもとに相模湾の深海生物について報告しており、そのひとつがミツクリザメである。この標本は箕作の手を介し、アメリカにいたジョルダンの手に渡り、新種として記載された。このような経緯でオーストンの名は、このミツクリザメの種名だけでなく、オーストンガニ、オーストンフクロウニなどの深海生物、オーストンオオアカゲラやオーストンヤマゲラなど鳥類にまで広く献名され、現在にまでその名を残している。

そんなミツクリザメの体色は、生きているときはやや灰色がかった薄い桃色をしているが、死後、時間が経過するとまるで死人のような灰色に変わる。体色が死後、急速に変化する原因は、透明度の高い皮膚の下に毛細血管が張りめぐらされ、ここを流れる血液の色が皮膚を通して見えることによる。このような特徴も、ミツクリザメが特異な種類であるという誤解を招く要因になっているのは確かだろう。

ゴブリン（悪鬼）と呼ばれるほど奇怪な風貌の原因は、大きく突出した扁平《へんぺい》な吻である。そこには、海底の砂や泥の中に身を隠す他の生物が発する微弱な電位を感知し、エサを探すのに役立つ電気受容器官「ロレンチニ瓶《びん》」が並んでいる。想像上の天狗の鼻に骨があるのかどうかは分からないが、テングザメの異名をもつミツクリザメの吻（鼻）は、軟骨性で軟らかいので、これを武器とすることはなさそうだ。

この特徴が白亜紀に繁栄したネズミザメ目の *Scapanorhynchus* 属に似ていたので、かつてはミツクリザメも「生きている化石」といわれたこともあった。しかし、現在の研究結果から判断すると、ラブカ同様、姿のみが古い時代のサメを思わせるだけで、その起源は比較的新しい種類と考えられる。

サメに忍び寄る危機

サメは、映画「ジョーズ」の影響があまりにも大きく、人間に危害を与える生物というイメージが強い。しかし実際は、人間に危害を加える可能性のある種類はごくわずかであり、その多くは人間の生活とはほとんど無縁の存在である。

生態学的な視点で見ると、サメは、生態系ピラミッドの最上位に位置する高次捕食者である。ラブカの長い妊娠期間に代表されるように、高次捕食者であるサメは、少数の子を確実に育てる繁殖戦略（K戦略、97ページ）を選択している種が多い。したがって、寿命は長いがそれと同時に増加率は低い。そのサメたちがいま、絶滅の危機に瀕《ひん》している。

ヒトに危害を加える危険生物というレッテルが貼られ、無計画に捕殺されていることだけが原因ではない。実は、サメは知られざる海洋資源として利用されているのである。日本周辺海域を例に、現状を少し詳しく見てみよう。まず、浅海に棲息するホシザメやドチザメは食用目的で捕獲されている。一部の地域では鮮魚店の店先に並ぶ魚である。また、ヨシキリザメやネズミザメは高級食材フカヒレの原材料として利用されることから乱獲が続いている。

サメは、組織内に蓄積した尿素で浸透圧調節をおこなっている。そのため、死後に尿素が分解され生成されるアンモニアによって腐敗速度が遅くなる。だから冷蔵庫がなかった時代には、山間部の村などで貴重な水産資源として利用されていた。広島県内陸部の三次《みよし》などに残る「ワニ料理」がその代表である（ワニはサメのこと）。また、浅海のサメは練り製品の原材料としてもよく用いられている。

同様に、深海ザメも乱獲の脅威にさらされている。その姿のままで市場に出回ることはないから気づかれにくいが、実は肝油や化粧品の原材料となっている。とくにアイザメなどがそのターゲットとされ、最盛期には深海漁をおこなう漁船が着岸する港まで、業者がサメを求めてトラックで乗りつけていたほどである。その結果、日本周辺海域の深海ザメの資源は枯渇状態にある。

サメが人間を襲うのではなく、人間がサメを襲っているのが現在の生態系の真実の姿といってもよいだろう。太古の昔から環境に適応して進化しつづけたサメが、予期せぬ人間からの攻撃に対し、この先どのような進化を遂げるのだろうか。

8章　リュウグウノツカイ

——人魚になった深海魚

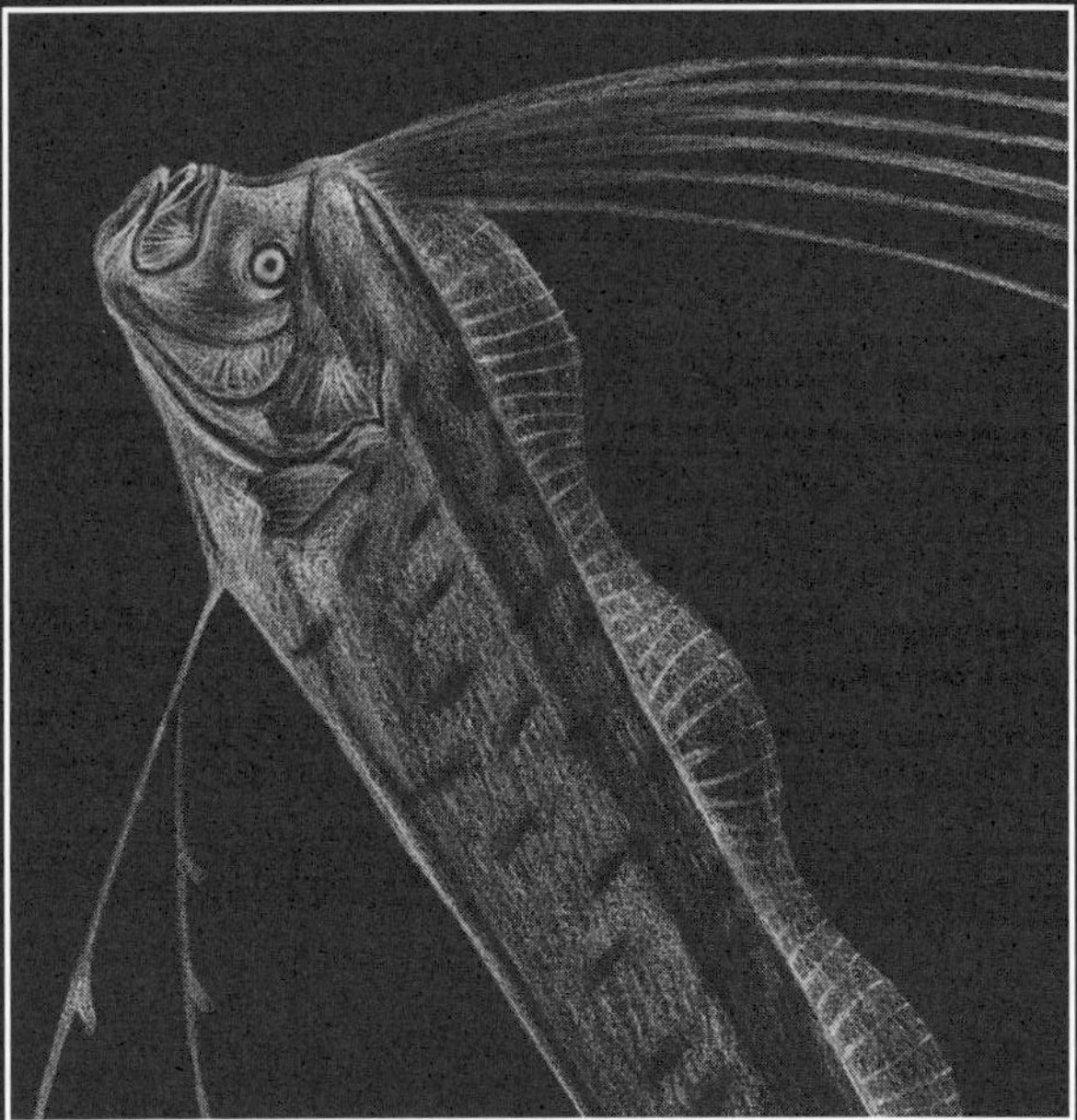

人魚の正体

アンデルセン童話の人魚姫をはじめ、世界各地には、「人魚」とよばれる「上半身が人間、下半身が魚」の半人半魚の伝説が残されている。英語では、若い女性の人魚はマーメイド（mermaid）、男性の人魚はマーマン（merman）という。頭についているmerは、ラテン語のmareに由来し海をあらわす語である。ただし、人魚はかならずしも海にいるとは限らないらしく、ドイツのライン川に棲むとされるローレライや、中国古代の地理書『山海経《せんがいきよう》』に記述される「人魚」など、河川に棲息するとされる人魚伝説も少なからず存在する。

世界中に伝わる人魚伝説を整理すると、西洋と東洋では人魚のあつかいに違いがあることが分かる。ギリシア神話に出てくるセイレーンは、海を行く人々を美しい歌声で魅了し船を難破させる。セイレーンはもともと上半身が人間、下半身は鳥の姿とされていたが、中世以降は半人半魚の生き物と記述されるようになった。これに類似するのがドイツのライン川に棲むとされるローレライであり、やはり美しい歌声で船頭を幻惑し難破させる。どちらも美しい容姿や歌声で人間を惑《まど》わす存在と考えられる。

アイルランドに伝わるメロウやノルウェーに伝わるハルフゥは、嵐や不漁の前兆とされ、船乗りにしてみれば遭遇したくない存在であろう。

いずれにせよ、ヨーロッパ諸国に伝わる人魚は、どちらかというと人間に災いを与える生き物とされている。これに対し、日本に伝わる人魚伝説では、恐ろしい存在としてだけではなく、その肉は不老不死の力を得るための食べ物とされている場合が多い。また、「人魚のミイラ」として各地に伝わる〝標本〟（実際はサルと魚を組み合わせるなどした紛《まが》い物）も奇怪な容姿をしており、美しい女性の姿が多い西洋の人魚とは大きく異なる。

日本の人魚伝説は、『日本書紀』や『和名類聚抄』にはじまり、江戸時代に書かれた井原西鶴《いはらさいかく》の『武道伝来記』の中の「命とらるる人魚の海」など、さまざまな時代に人魚が登場する物語がある。子どものころ、小川未明《おがわみめい》の童話「赤い蠟燭《ろうそく》と人魚」を読んだ方もいることだろう。

人魚の肉を食べると不老不死になるという伝承は日本各地に残されている。人魚の肉を食べ８００年もの長い間生きたという少女、八百比丘尼《やおびくに》の伝説がその土台になっているとと思われる。岐阜県に残る人魚伝説では、浦島太郎の竜宮城伝説と混ざり、竜宮城から帰るときに不老不死となる人魚の肉をもらってくるという話になっている。アイヌ民話に登場する人魚アイヌソッキも、その肉を食べると長寿を保つとされる。

上半身が人間で下半身が魚という、現在の生物学の常識では考えられない形態をもつ架空の生き物「人魚」は、どのような生物をモデルに生みだされたのであろうか。

ヨーロッパからアジアまで広い範囲に分布する人魚伝説は、ある単一の生物から生み出されたと考えるよりも、複数の生物が、それぞれ異なった地域・時代で派生的に起源となり作り出され、「人魚」というひとつの形に収斂《しゅうれん》したと考えたほうがよさそうだ。〝伝説の収斂進化〟ともいえようか。

人魚のモデルとされる生物には、いくつか候補がある。もっとも一般的にいわれているのがジュゴンやマナティなど海牛《かいぎゅう》目の哺乳類である。

ジュゴン目の学名 *Sirenia* は、ヨーロッパの人魚セイレーンに由来する。しかし、日本各地に残る人魚伝説のモデルをすべてジュゴンと考えるには不自然な点が多い。

日本列島周辺海域からジュゴンが記録されたのは明治時代以降の話であるのに、人魚伝説はそれ以前から存在しているからだ。なにより、日本におけるジュゴンの分布域は沖縄諸島を中心とする海域に限られる。本州でジュゴンは見られないことから、別の生物がモデルになっていると考えるのが自然であろう。過去にはステラーカイギュウとよばれる大型の海牛目がアリューシャンなどの北太平洋に棲息していたが、この種は人間が資源（とくに食料源）として捕獲しはじめてから急速に個体数が減少しており、それを人魚のモデルにしたとは考えにくい。

井原西鶴の「命とらるる人魚の海」では、人魚を「かしら、くれなゐの鶏冠《とさか》ありて」と記している。井原の記述から、それは頭に赤い鶏冠状の何かをもつ生物と推測される。この特徴は、ヒトによく似た風貌をもつという西洋の人魚の特徴とは明らかに異なる。江戸時代の日本に赤い髪をした日本人がいたとも考えがたい。そのモデルは何ものかと考えたとき、最有力候補となるのが、深海魚のリュウグウノツカイなのである。

リュウグウノツカイは、アカマンボウ目に属し、全長10メートルにも達する大型魚類である。体表に鱗はないが、可視光線をほぼ完全に反射するグアニンの板状結晶の積層構造をもつことから、光の干渉作用により鏡のような光沢のある銀色になる。そして、その体色とは不釣り合いな極彩色の赤く長く伸びた背ビレをもつことが特徴である。水深200メートル以深の中層に棲息すると考えられているが、深海での観察事例は少なく、その生態には謎の多い魚である。そんな深海魚がなぜ人魚のモデルなのだろうか。

チョウチンアンコウの仲間をはじめ、深海の中層に棲息する魚類の採集記録の多くは、海岸に死んで打ちあがったものや衰弱して漂着したものが多い。リュウグウノツカイも例外ではなく、深海の中層から生きて採集された記録に比べ、海岸に漂着した個体の記録のほうが格段に多い。とくにその漂着記録は、人魚伝説の多く残る日本海沿岸域に多く見られる傾向がある。おそらく、日本海の潮流と季節風がこのような現象を頻繁に引き起こすひとつの要因となっているのだろうが、なぜ日本海側にリュウグウノツカイの漂着記録が多いのか、明確な答えはない。

それでも、リュウグウノツカイが人魚のモデルである可能性は、イルカなどの水生哺乳類を研究した高島春雄《たかしまはるお》や魚類学者の内田恵太郎《うちだけいたろう》など、黎明期の日本の生物学の基礎を築いた研究者たちによりすでに指摘されている。先ほどの「かしら、くれなゐの鶏冠ありて」という人魚の容姿に関する記述や、日本海沿岸部に残る人魚伝説が、荒天の後に海岸に漂着するというリュウグウノツカイの特徴と多く一致するためである。

東西の文化の違いとは面白いもので、リュウグウノツカイは、東洋では人魚のモデルとされるのに対して、西洋ではその奇怪な姿から、中世から近世の海図によく描かれている大海蛇《おおうみへび》シーサーペントのモデルではないかという考察がある。たしかに、細長い姿はヘビを彷彿とさせなくはない。

また、ヨーロッパではリュウグウノツカイを「ニシンの王」とよび、漁の成否を占う魚としてあつかうが、これは、日本で人魚が不漁や荒天を招く不吉な存在とされているのとは対照的だ。

銀色で細長い体が意味するもの

日本の人魚伝説のモデルとされてきたリュウグウノツカイの生態は、いまだによく分かっていない。その理由のひとつに生体の観察事例がほとんどないことがあげられる。リュウグウノツカイを採集した漁師が、その直後に大量のオキアミを吐きだしたと話していることなどから、エサとなるオキアミの日周鉛直移動に合わせ、リュウグウノツカイもまた中層と底層を移動している可能性がある。

その鏡のような光沢のある銀色の体色は、魚としてはかなり違和感を覚えさせるが、この銀色が保護色であると考えれば、納得できるかもしれない。

リュウグウノツカイが棲息すると考えられる水深200～1000メートル前後の中層は、微弱ではあるが、目のよい魚には感知できるほどの光が到達している。

この深度において、物体は直上および直下からだとよく見える（よく見られる）が、横からだと見えにくい（見られにくい）。なぜなら、この深度では光はおもに上から来るので、横には影ができない。そのため、このあたりに棲息する魚類の多くは、捕食を逃れるために影のできにくい体型、つまり〝縦方向に薄い〟体型に適応進化したと考えられる。

リュウグウノツカイも体が長いわりに不釣り合いに薄く、厚みがほとんどない。そして、体表を鏡のように光沢あるものにすることで光を反射し、自分の影を隠している。水中で鏡を縦にしたらほとんど見えないのと同じだ。このことからリュウグウノツカイの遊泳姿勢を推測できる。これほどまでに影を作らない姿に進化したのだから、泳ぐときも影を少なくするような姿勢をとっているにちがいない。

その姿とは、〝立ち泳ぎ〟である。さらにリュウグウノツカイの〝気持ち〟になって考えると、できれば明るい海面を背景にしてエサとなる生物のシルエットを見たいだろうから、頭を上にした立ち泳ぎと推察されるのである。

実際に立ち泳ぎをする魚にタチウオがいる。リュウグウノツカイとは系統分類的に近縁ではないが、大小の差はともかく、見た目はよく似ている。細長い銀色の体でキラキラするから、漢字では〝太刀魚〟と書くが、立ち泳ぎするから〝立ち魚〟だという説もある。いずれにせよ、リュウグウノツカイが立ち泳ぎするのではないかという推察は以前からあったし、生きたまま捕獲された個体を水族館の大水槽に放したら、頭を上にして立ち泳ぎしたという事例もある。それでも、自然界での生態の多くは、謎に包まれたままだった。

ところが、ついに〝その日〟がやってきた。メキシコ湾にはたくさんの海底油田がある。できるだけ原油が漏《も》れないように採掘するのだが、それでも少しは漏れてしまう。その影響調査が2008年頃から重点的におこなわれた。海底からの原油漏れの量を見積もるために、無人探査機を海中に投じ、海底に着くまでの水中を監視していたら、偶然、リュウグウノツカイが現われた。それはたしかに頭を上にして立ち泳ぎしていた。

2010年4月20日には、海底油田の洋上基地ディープウォーター・ホライゾンが爆発炎上し、沈没した。海底から洋上まで原油を上げるパイプも折れ、海底からは原油がダダ漏れ状態になった。結果的には約3カ月後にフタをして漏れはおさまったが、その間に流出した大量の原油がメキシコ湾岸に漂着し、〝史上最悪の生態系事故〟とよばれるにいたった。

このとき、フタをするのに何度も何度も無人探査機が水中に潜り、膨大《ぼうだい》な水中映像記録がもたらされた。そこにも、やはり頭を上にして立ち泳ぎするリュウグウノツカイが映っていた。

〝生態系事故〟のおかげでリュウグウノツカイの立ち泳ぎの実態が判明したというのは、こちらとしては複雑な心境である。ただ、原油流出という現象そのものは天然にもあって、そっちのほうが大規模だという話もあるので、時間さえかければ、生態系は何とかやっていくだろうという楽観論もないわけではない。

アカマンボウと似ている？

リュウグウノツカイは、アカマンボウに近縁な種類である。アカマンボウはおもにマグロ延縄《はえなわ》漁でかかることが多く、味がマグロに似ていることから「マンダイ」の名で魚屋の店頭に並ぶことがある。

この2種類は生物学的に近縁な種でありながら、外見上はまったく異なる魚である。一見すると丸い満月のような体型をもつアカマンボウの姿と、蛇のように細長いリュウグウノツカイが近縁とはにわかに信じがたいのであるが、生まれたばかりの幼魚を比べると、とてもよく似ている。リュウグウノツカイの幼魚は、親とほぼ同じような細長い形をしているが、アカマンボウの幼魚も、リュウグウノツカイのように細長い形をしているのである。ただし、この姿は卵から孵化《ふか》して間もない時期だけで、ヒトでいうところの思春期にあたる亜成体《あせいたい》になると、アカマンボウは丸い体型に変化する。

おそらく、これらのグループは共通の祖先型の生物から、リュウグウノツカイは中〜底層、アカマンボウは表〜中層と、それぞれの棲息環境に分かれて適応進化を遂げた結果なのだろうか。もしかしたら、この成長にともなう形態変化が、リュウグウノツカイが深海に適応できた理由かもしれない。

深海にはエサとなる資源が少なく、成長や繁殖に利用できるエネルギーは限られる。体型を幼魚から成魚に変化させるにはそれなりのコストがかかる。そのコストをかけず、幼態のまま成熟するネオテニー（幼態成熟）をおこなえば、省コスト、省エネルギーができる。リュウグウノツカイは、このネオテニーという〝省エネ戦略〟をとることで、エサの少ない深海に適応したのだろう。環境適応が、深海魚の奇妙な姿を作りだしたということである。

リュウグウノツカイと同じ〝省エネ〟の道をたどったと思われるテンガイハタやサ

ケガシラも、中〜深層の大型魚である。これらの2種は、赤い背ビレがないことと、大きな眼をもつことでリュウグウノツカイとは区別される。

また、リュウグウノツカイと誤認されやすいテングノタチは、額の先が突出し、真っ赤な背ビレをもっている。この魚が変わっているのは、墨汁嚢《ぼくじゅうのう》とよばれる黒い液体の入った袋状の器官を肛門の近くにもつことだろう。墨汁嚢から、どのようなときに墨を吐き出すのかはよく分かっていないが、刺激に反応して墨を体外に放出することが知られている。

リュウグウノツカイの器官

ふたたび人魚の話に戻ろう。八百比丘尼の伝説にはいくつかバリエーションがあるが、その中に、人魚の肉があまりにウマかったのでたくさん食べてしまったという話と、マズかったので誰も食べなかったという、対極の話がある。

リュウグウノツカイを食した記録を見るかぎり、その肉はプヨプヨのゼリー状で、人間にとってはマズいようである。同じグループでもアカマンボウはマグロに似た味であり、タチウオも食用として流通するウマい魚である。どちらもリュウグウノツカイに比べ浅いところに棲息する。リュウグウノツカイが美味だったら、1尾で何人分の料理が作れるだろう。

また、近縁のサケガシラの味もまた不明だが、体表にダルマザメに食べられた丸い穴が開いている個体が見られる。エサの少ない深海では、ウマかろうがマズかろうが、生き延びるために食べられるものは何でも食べるのが流儀である。

リュウグウノツカイの英名oarfishは、長く伸びた赤い腹ビレに由来する。その体に不釣り合いなほど長く、先端付近が楕《だ》円形で平たいオールのような形になっている。このオールのような先端部に感覚器官があり、ここでリュウグウノツカイは味覚を使ってエサを感知しているらしい。もっとも、これも感知した物体がウマいかマズいかではなく、エサであるか否かを探《さぐ》るためのセンサー器官である。

このような器官は深海魚に共通しており、ホテイエソ科、トカゲハダカ科、オニアンコウ科の種類には、顎の下にあるヒゲの先端が同様の器官となっている。いずれの種類も、中層を漂いながらこれらの器官を使ってエサを感知するのである。よく似た器官が深海底に棲息し「三脚魚《さんきゃくうお》」の別名をもつナガヅエエソの胸《むな》ビレにも見られる。

実は、これと類似の感覚器官をもつ魚類は深海だけでなく、浅海にも棲息している。富山や新潟でオキノジョウとよばれ魚屋の店頭に並ぶヒメジの仲間は、顎の下にあるヒゲを用いて砂の中に隠れているエサを探す。これらの感覚器官をもつ魚がすべて同じ共通祖先から派生した、とは考えにくい。むしろいくつかの異なる系統において、異なる部分（腹ビレ、胸ビレ、ヒゲなど）から似たような器官が進化したのだろう。このような器官を「相似器官」といい、このような進化を「収斂進化」という。

ただ、ここで注目に値するのは、リュウグウノツカイだけが、ヒゲではなく、胸ビレの先端にこのような器官をもつことである。遺伝子の研究から、リュウグウノツカイをふくむアカマンボウ目の種類は、やはり深海性のシャチブリ目と近縁であるとされている（かつてシャチブリ目はアカマンボウ目にふくまれていた）。このシャチブリの腹ビレにもリュウグウノツカイと同様の器官が認められる。そして、これら2つの種群は、深海の中層の生態系で重要な位置を占めるハダカイワシ目にもまた近縁である。

おそらくこういうことだろう。ハダカイワシ目、シャチブリ目、アカマンボウ目は、いずれも浅海の共通祖先から発し、それぞれが深海に独自の適応進化を遂げた種群である。そして、現在の深海においてもっとも適合したものがハダカイワシ目なのだ、と。でも、アカマンボウ目やシャチブリ目だって、けっして敗者というわけではない。これから先の未来、環境が変わったとき、彼らのほうが成功者になる可能性は十分ありうる。

人魚は、あくまでも架空の生き物であり、現実には存在しない。しかし、日本に伝わる人魚のモデル——リュウグウノツカイは、深海という環境に適応した生物である。この生物を祖先として、遠い未来に人魚のような生物が出現することは、まったくの夢物語とはいいきれないだろう。もしかしたら、人間が絶滅した後の未来に、人魚のような生物が繁栄する時代がくるかもしれない。

9章　シロウリガイとチューブワーム

——化学合成生物群集

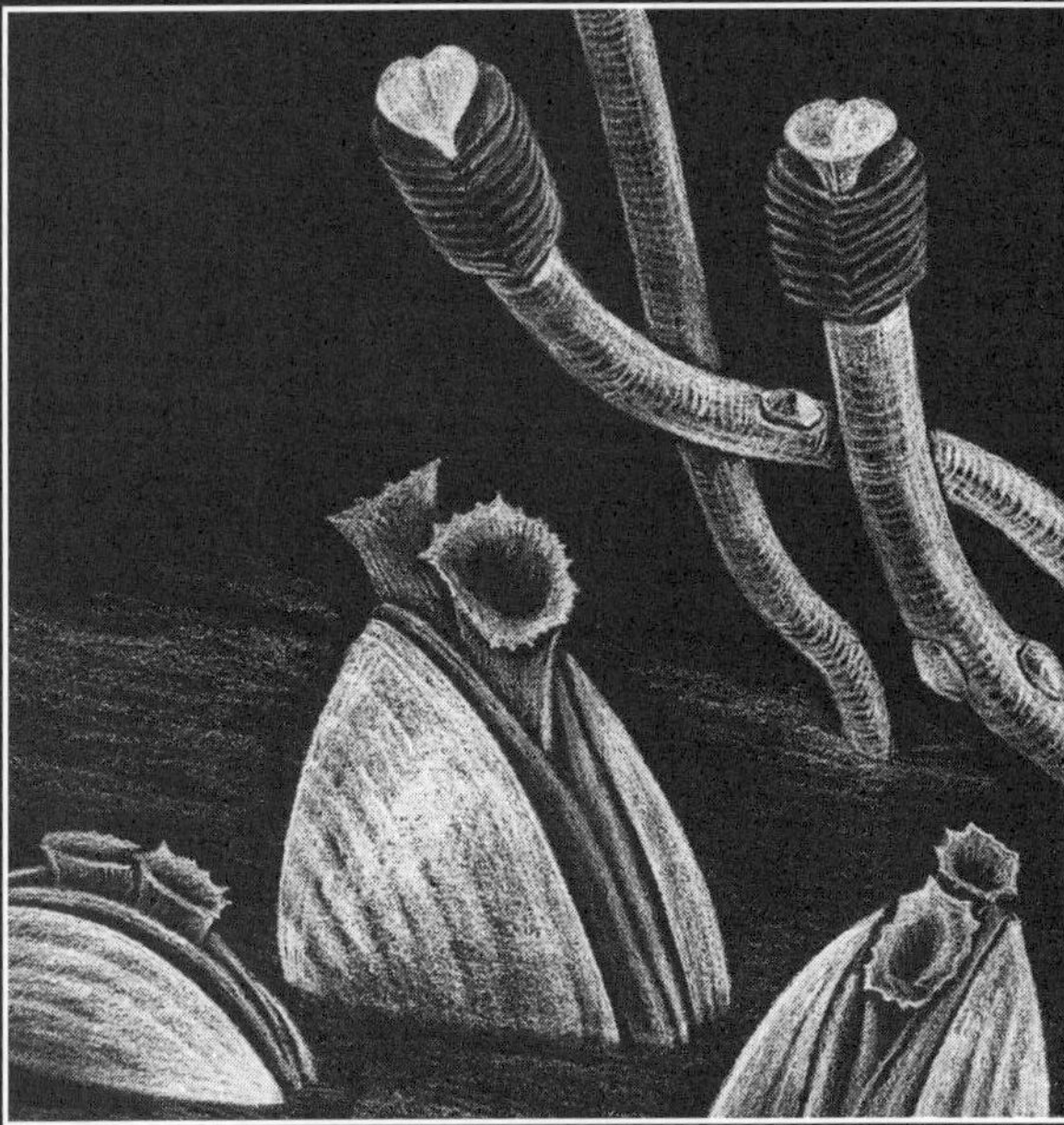

20世紀最大の発見

１９７６年5月、東太平洋にあるガラパゴス諸島沖の海底で火山活動にともなう熱水噴出の兆候と奇妙な生物群集の写真が得られた。これを受けて翌１９７７年、アメリカの潜水船「アルビン号」による潜航調査をおこなったところ、信じられない光景が現われた。

潜水船のライトに照らしだされた深海底の熱水噴出孔のかたわらには、おびただしい数の大きな二枚貝と、光の届かない暗黒の世界にまるで不釣り合いな、長さ2メートルにも達する白くて細長い管から真っ赤なエラを出した「正体不明の生物」が群がっていた。二枚貝はシロウリガイと分かったが、正体不明の生物はやはり正体不明のまま、細長い管に入っている虫という意味で「チューブワーム」とよばれることになった。とくにこれは大きかったので、「ジャイアント・チューブワーム」とよばれた。

実はこれこそが、ナチュラルヒストリー（自然史）における20世紀最大の発見とされる「化学合成に依存した生物群集」発見の瞬間である。なお、「化学合成」については後述する（176ページ）。

1970年代初頭になると、海洋地質学者を中心として海底火山の探索が始められるようになった。事前の調査や先行研究から、研究者たちは太平洋にいくつかの候補地をあげ、海底火山の存在する可能性が高い海域から調査に着手する。そのひとつが、ガラパゴス諸島沖の海底にある大きな割れ目（リフト）だった。

ガラパゴス・リフトでは、海底下でマグマと海水が反応して熱水噴出孔を形成している可能性が1972年に指摘されており、1975年の事前調査でも、この海域の異常な高水温と高濃度のヘリウム同位体が記録されていた。また、この時点ですでに正体不明の二枚貝が深海底に密集して棲息している様子が画像で記録されていたのである。

そして、ついに「アルビン号」による潜航が実現し、世界ではじめて熱水噴出孔が発見された。このとき発見された「熱水」は実際には17℃の温泉であったが、それは科学史上のマイルストーン的事件であった。

しかし、それ以上にこの調査結果で注目を浴びたのは、殻の大きさが30センチを超えるガラパゴスシロウリガイと、口や消化器官、肛門をもたない謎の生物チューブワーム（ハオリムシ）の発見だった。19世紀には「300ファゾム（およそ水深540メートル）より深い海に生物はいない」という「深海無生物説」が唱えられていたのだが、やがて深海からも多くの生物が採集されるようになっていた。しかし、これほどまでに大きな個体が大群をなす生物群集が深海に存在しているとは、多くの生物学者が予想だにしていなかった。

特殊な二枚貝の記録

日本ではじめてのシロウリガイ類の記録は、1937（昭和12）年にさかのぼる。この年、日本地質学会の学術誌である地質学雑誌に掲載された「*Calyptogena pacifica* Dall の産出」というタイトルのわずか11行からなる報告がそれだ。のちに東京帝国大学地震研究所の教授となった大塚弥之助《おおつかやのすけ》が書いたもので、学生が秋田県男鹿《おが》半島の脇本層から採集した多数の化石の中に、これまで日本から記録のなかったシロウリガイ類がふくまれていたという内容である。この当時すでに、アメリカの生物学者デールは、調査船アルバトロス号で深海から採集されたワダツミシロウリガイ *Calyptogena pacifica* と、*C. elongata* の2種類のシロウリガイ類を新種として記載していた。

大塚の報告に続くように1938（昭和13）年には、新潟県東山《ひがしやま》油田に分布する牛《うし》ヶ首《がくび》層より産出した化石が、大炊御門経輝《おおいのみかどつねてる》と金原均二《かねはらきんじ》の手により、世界で3種類目のシロウリガイ類 *Calyptogena nipponica* として新種記載された。また1943（昭和18）年には、黒田徳米《くろだとくべい》が相模湾の小田原《おだわら》沖より得られた標本をもとにアケビガイ *Calyptogena* (*Archivesica*) *kawamurai* を新種として報告した。1957（昭和32）年にも、水産庁「蒼鷹丸《そうようまる》」のトロール調査により三浦半島城ヶ島《じょうがしま》沖の水深750メートルから採集された死殻をもとに奥谷喬司《おくたにたかし》がシロウリガイ *Calyptogena soyoae* を新種記載した。種小名の *soyoae* は船名の〝蒼鷹〟にちなんでいる。

これらの〝発見の時代〟には、まだシロウリガイの生態はまったく分かっておらず、現在のようには注目もされていなかった。ところが1960年代に入ると、横浜国立大学教授だった鹿間時夫《しかまときお》や、筑波《つくば》大学教授の菅野三郎《かんのさぶろう》らが、シロウリガイ類の化石が異常とも思えるほどの高密度で産出することや、この化石とともに必ずといってよいほど「炭酸塩コンクリーション」(石灰岩)が産出するという事実に注目し、この生物が深海の特殊な環境に棲息している可能性を指摘するようになった。

いまでこそ、海底下から湧出するメタンと海水中の硫酸イオンが反応すると炭酸塩コンクリーションが生成されることが分かっているが、当時はまだ、精密な生物地球化学の知識も考え方もなかった。それでも彼らは、すでにシロウリガイ類と炭酸塩コンクリーションの関係に気づいていた。1937年の大塚弥之助も、多数の化石の中からワダツミシロウリガイのみを特筆して報告していることから、彼もまたこの貝の特殊性に気づいていたのかもしれない。

相模湾にもコロニーが

日本の深海底における生きたシロウリガイのコロニー(群れ)の発見は、1984年6月5日のことである。それは、海洋研究開発機構(当時は海洋科学技術センター)所管の有人潜水調査船「しんかい2000」を用いて、神奈川県水産試験場の江川公明《えがわきみあき》が調査をおこなったとき、相模湾初島《はつしま》沖の水深1000〜1300メートルで発見された。

その発見の地である相模湾は、明治時代より海外の研究者により深海生物の研究がさかんだった。これに加えて、三浦市三崎に東京帝国大学臨海実験所が設置（のちに近くの油壺《あぶらつぼ》に移転）されたことで、日本の海洋生物学ゆかりの地とされている。以来、臨海実験所の箕作佳吉や飯島魁《いいじまいさお》をはじめとする多くの研究者が深海生物の研究にとりくんできた。相模湾はまた、日本の深海生物学にとってもまた発祥の地といえるかもしれない。

相模湾で発見されたシロウリガイの大群集は、高温熱水の噴出にともなうものではなく、それほど高温でないため「冷湧水《れいゆうすい》」と呼ばれる海底湧水にともなうものである。この湧水は大量のメタンガスをふくんでいるので、この場所は「メタン湧出帯」あるいは「メタンシープ」とよばれた。そして、ここのシロウリガイは、なんと湧水にふくまれるメタンを化学エネルギー源としていた。いや、メタンだけではない。メタンと海水中の硫酸イオンが反応することで前述の炭酸塩コンクリーションができるとともに、硫化水素もできるのだ。海底火山がなくてもメタンや硫化水素さえあれば、生物のオアシスになるのである（詳しくは次項）。

この現生の深海性シロウリガイの棲息環境は、かつて生きていた化石シロウリガイの棲息環境――炭酸塩コンクリーションができる環境――とよく似ているにちがいない。化石のシロウリガイを産出する三浦半島の池子《いけご》層や葉山《はやま》層の調査結果は、そのことを示していた。このとき、それまで別々におこなわれていた古生物学の研究と現生の生物学の研究が、同じ結論に行きついたのだ。古生物学は地質系なので、地質系と生物系が同調したことは、日本の科学史上注目すべき事柄である。

化学合成生態系のしくみ

私たちヒトの生活は、太陽の光を源とした生物生産、すなわち「光合成」により支えられている。太陽光をエネルギー源とする光合成生物である植物や藻類などが「生産者」であり、動物や菌類は光合成生物に依存して生きる「消費者」である。また、植物や藻類は自分で栄養をつくるので「独立栄養生物」といい、動物や菌類は他者に依存して生きるので「従属栄養生物」という。

さて、植物でも藻類でも動物でも菌類でもない生物には、光合成独立栄養生物もいるし、従属栄養生物もいるし、さらに〝第3の生き方〟ともいえる「化学合成独立栄養生物」もいる。これは、太陽の光エネルギーではなく、硫化水素などのイオウ分やメタンを化学エネルギー源にして自分で栄養を作るものである。ただし、これができるのは、微生物のうちでも原核《げんかく》生物、すなわちバクテリア（細菌類）と古細菌の中のあるものだけである。その一方で、真核《しんかく》生物の動物であるシロウリガイはそれらの微生物を食べ、あるいは、チューブワームは体内に共生させることで、間接的に化学合成独立栄養の恩恵にあずかっているのである。

微生物の化学合成独立栄養に依存した生態系は、おもに海底の熱水噴出孔やメタン湧出帯（メタンシープ）に形成されるが、それ以外にも、クジラなどの大型生物の死骸や、一時期に大量の生物が死滅し腐敗して硫化水素やメタンが発生するような環境、海底に沈んで腐敗している木などにも見られることがある。

「アルビン号」によりガラパゴス・リフトの熱水噴出孔で発見された化学合成生物

群集があまりにもセンセーショナルだったためか、化学合成生物群集は深海にのみ存在する特殊な生態系と思われがちだが、それは誤解である。泥や砂の中で生き物の死骸が腐って硫化水素やメタンが発生する場所なら、どこにでも化学合成独立栄養生物とそれに依存した動物たちは出現しうるのである。

化学合成生物群集の起源

化石記録をもとに、化学合成生物群集の進化をたどることができる。もっとも古い記録は古生代にまでさかのぼる。古生代の化学合成生物群集は、現在の深海に見られる化学合成生物群集の種組成とは異なり、シロウリガイのような二枚貝（軟体動物）ではなく、腕足《わんそく》動物が優占種であった。

腕足動物は、古生代（5億4200万〜2億5100万年前）の初期に繁栄した生物群であり、デボン紀（4億1600万〜3億5920万年前）以降、急速に種数が減少した。2枚の殻をもつので、一見すると二枚貝のようだが、二枚貝ではない。軟体動物でもない。二枚貝は体の左右に殻をもつのに対して、腕足動物は体の前後、背と腹に殻をもつのだ（ここでは腕足動物と二枚貝が別物である点を理解していただき、詳しい説明は省く）。
腕足動物を優占種とする群集組成は中生代まで続き、ジュラ紀から白亜紀にかけての化学合成生物群集にも出現する。ただし、古生代と中生代では同じ腕足動物でも優占種が違う。白亜紀に入ると腕足動物の姿は消え、現在の化学合成生物群集の種組成に近くなり、キヌタレガイ科やツキガイ科の〝ふつうの二枚貝〟が優占する種組成となる。

現在のシロウリガイ類を優占種とする化学合成生物群集は、これまで白亜紀に起源をもつと考えられていたが、近年の研究結果から、シロウリガイ類とされていた化石は、キヌタレガイ科の別の種類であることが判明した。シロウリガイをはじめとするオトヒメハマグリ科の出現は、新生代以降であると考えられている。

新生代に入ると、キヌタレガイ科、ツキガイ科、オトヒメハマグリ科の3群が優占種となり、これにシンカイヒバリガイ科をともなった現在の群集とまったく同じ種組成となる。したがって化石記録から見ると、現在、化学合成生物群集で優占種として知られるシロウリガイをふくむオトヒメハマグリ科は、比較的新しい時代に化学合成依存という生活様式になった種群といえる。

チューブワームはどうやって生きているのか

ガラパゴス・リフトで発見されたもうひとつの生物が、ジャイアント・チューブワームだ。たんにチューブワームともよばれる。それは発見当初、所属不明の生物とされ、まったく未知の新しい動物門とする考えや、有鬚《ゆうしゅ》動物門という独立した門を立ててそこに帰属させる説、あるいは環形《かんけい》動物の特殊化した一群とする説など、さまざまな説が出された。

口をはじめ内臓器官が退化し、肛門すらないその形状が、混乱のひとつの原因である。動物を分類するためのキーとなる構造がことごとくないため、他の生物と比較することができなかったのである。チューブワームのように主要な器官が存在しない大型動物はこれまで知られていなかった。

発見当初の1970年代後半から1980年代にかけて、多くの研究者が、解剖学や発生学、血清学など、さまざまな手法でこの生物の所属を明らかにしようとしたが、いずれも結論を出すにはいたらなかった。

しかし、1990年代に入ると、急激に進歩した分子生物学的な研究により、チューブワームの所属がようやく決まることとなった。チューブワームは多毛《たもう》類の仲間、釣り餌としておなじみのゴカイやイソメなどの仲間だったのである。分子系統学的には、チューブワームは環形動物門多毛綱のシボグリヌム科の一種であるとする結論に達した。この分子系統学による結論は、チューブワームの血液と多毛類の血液の類似性や、幼生の形態が多毛類そのものであることなど、以前から指摘されていたことと整合している。

動物は一般的に、口から栄養分を摂取し、体内で吸収する、すなわち〝食べる〟ことで生きている。しかし、口どころか内臓器官もほとんどないチューブワームは、どうやって栄養を得ているのだろうか。

チューブワームは、そのチューブ状の軟体の先端部に大きな赤いエラ、その下にエラを動かす筋肉の束《たば》があり、さらにトロフォソームという〝細長いソーセージのような袋〟が続き、袋の後端にわずかに尻尾《しっぽ》のような組織が見られる。冗談のように思われるかもしれないが、これがチューブワームの体のすべてである。そして、この軟体が白い管のなかに入っている。いうなれば、傘入れ袋に入った傘のようにして。これをはじめて目にした研究者は、理解に苦しんだことだろう。エラと筋肉はともかく、その下の長い袋は何をするための器官だろうか、まったく謎だった。

近年、その謎も徐々に解明されてきた。チューブワームは、人間の血液中のヘモグロビンに類似した、しかし人間のそれよりずっと大きい、〝スーパーヘモグロビン〟とでもいうべき血液色素をもつことが判明した。エラが赤く見えるのはこの色素のせいである。スーパーヘモグロビンは、人間の血液色素に比べても格段に効率がよく、酸素だけでなく硫化水素も運べることが判明した。

そして、最大の難問は〝細長いソーセージのような袋〟だ。実はこれ、中身はまさにソーセージのようにグチャグチャで、そこにはバクテリアがつまっている。いわゆる体内共生バクテリアだ。しかも、ただの体内ではなく「細胞内共生バクテリア」だった。チューブワームという動物の中にバクテリアが入りこんでいたのである。しかも、このバクテリアはイオウを酸化させ有機物を作りだす「イオウ酸化バクテリア」

である。チューブワームは、大きな赤いエラから火山ガスの成分である硫化水素を体内にとりこみ、細胞内共生しているイオウ酸化バクテリアにお届けする。イオウ酸化バクテリアはこれを酸化することで化学エネルギーを得て、光合成と同じこと、すなわち化学合成独立栄養をおこなって栄養を作る。そして、その栄養の一部をチューブワームにお返しするのである。たしかにこれならば、チューブワームは自分でものを食べなくていいし、口も肛門も必要ない。

これは、チューブワームもバクテリアも双方が得になる「相利共生《そうりきょうせい》」である。生物界広しといっても、ここまですばらしい相利共生はないといってよい。

ただし、情緒的に表現するならば、チューブワームはエサをとる苦労から解放された一方で、食べる楽しみを失った。苦労も楽しみもなく、ただ自分の体を維持することにのみ専念する究極の姿だ。これを生物学的に見ると、不要な器官がなくなるという進化（退化）は、多かれ少なかれ深海へ適応した生物に共通して見られる現象であり、それがあまりにも極端なのがチューブワームということになる。

チューブワームとほぼ同じ生態は、軟体動物の二枚貝にも見られる。たとえば、先述したシロウリガイは、肥大したエラにイオウ酸化バクテリアやメタン酸化バクテリアを共生させ栄養分を得ている。もっともシロウリガイは、完全にバクテリアに依存しているわけではなく、退化的ではあるがエサとなる有機物を食べる器官がまだある。

「ヤキソバの化石」の正体

横須賀市池上《いけがみ》の閑静な住宅地に向かう階段の途中に、周囲の景観とは不釣り合いな看板が立っている。現在は三方をコンクリートに覆われ、当時の様子を知るすべもないが、1991年におこなわれた宅地造成工事の際には、ここに中新世（1500万年前）葉山《はやま》層の露頭《ろとう》があらわれていた。

この露頭から産出した化石は、横須賀市自然・人文博物館の蟹江康光《かにえやすみつ》を中心に研究が進められた。二枚貝の貝化石が産出したことに端を発して調査が開始され、やがて炭酸塩コンクリーションも発見された。比較的早い段階から、この化石群集はシロウリガイ類を中心とした化学合成生物群集であろうと考えられていた（実際は、その後の研究で、蟹江と倉持により新種記載されたダイオウキヌタレガイを中心とした群集であった）。

調査が中盤にさしかかるころ、ひと塊《かたまり》の不思議な化石が産出した。まるでヤキソバの麺をプレスしたような細い管の化石である。発見された当初は、植物化石ではないかとする意見もあった。しかし、産出する貝化石から、堆積《たいせき》環境は水深１０００メートル以深の深海底である可能性が示唆され、植物の可能性は低いと判断された。

私たちは冗談でこれを「ヤキソバの化石」とよび、ある生物の可能性を予測していた。そして、長沼が〝ヤキソバ〟の元素分析をした結果、この奇妙な化石からは高濃度の硫黄が検出され、予想どおりの結果が得られたのである。

「ヤキソバの化石」の正体は、日本ではじめて発見されたチューブワームの化石だった。この露頭の調査報告が出版された１９９５年当時は、まだチューブワームは所属不明の生物であり、海外でもその化石はほとんど報告されていなかった。偶然なのか、それとも必然の結果なのか、日本ではじめて化学合成生物群集が発見された相模湾に臨む三浦半島から、日本ではじめてチューブワームの化石が発見されたのである。

化学合成生物群集の最古参キヌタレガイ

化学合成生物群集の歴史から見ると、シロウリガイが新生代に入ってからの新参者であることと比べると、キヌタレガイ科は出現が古生代にまでさかのぼる古参である。化学合成生物群集そのものの出現が古生代なので、キヌタレガイ科はおそらく最古参と考えてよいだろう。

キヌタレガイ科は、原始的な二枚貝のグループである。二枚貝に共通する殻の蝶番《ちょうつがい》が発達せず、薄いキチン質の膜で二枚の殻をつなぎあわせている。このキチン質の殻皮が腹側の殻をかなりはみ出していることから、〝衣垂《きぬた》れ貝〟と名づけられた。形態は明らかに二枚貝であるが、遺伝子解析からは、巻貝（腹足類）に近縁であるとする報告がなされたこともあるほど、軟体動物としては特殊でもある。

このグループは古生代から現在まで、いずれの時代の化学合成生物群集にも出現する。とくに、中新世（1500万年前）の化学合成生物群集においては、葉山層からの産出事例のように、シロウリガイなどオトヒメハマグリ科の二枚貝を制して、キヌタレガイ科の種類が優占種として出現することがある。また、古生代から中生代にかけてはいずれもせいぜい殻長《かくちょう》5センチ以下の小型種しかないのに対して、第三紀（6430万年～260万年前）の後期に出現するものは、殻長30センチを超える大型種に変わる。そして、現在のシロウリガイのコロニー直下には、殻長10センチ前後の中型のキヌタレガイ類が棲息している。

シロウリガイのコロニーの下にキヌタレガイが棲息していることは、すでに化石研究の段階から予想されていたことである。実際、相模湾の水深1000メートル付近にあるシロウリガイのコロニーにおいて、潜水船でスコップを使って掘りおこした際に立派なキヌタレガイが採集されたことがあるし、海底下15センチまでの泥を採集するピストンコアラーという採泥器で、この貝殻を見事に打ち抜いたことがある。また、スエヒロキヌタレガイのY字型の巣穴の〝型〟も見事に回収されており、新生代の化石から推測されていた生態はほぼ間違いなかったことが立証された。

現生のキヌタレガイは、メタンシープのシロウリガイのコロニー周辺からとれた種類が殻長10センチにも達するのに対して、浅海の還元環境に棲息する種類は殻長5センチにも満たない。キヌタレガイ類もシロウリガイ類同様に、大きく発達したエラにイオウ酸化バクテリアやメタン酸化バクテリアなどを共生させることにより栄養源を得ている。

これはあくまでも仮説であるが、キヌタレガイ科の大きさが環境によって異なるひとつの要因として、硫化水素やメタンの供給量との間に相関関係がありそうだ。とくに大型の種類が多い中新世は、日本周辺海域で火山活動が活発だった時期と一致することから、キヌタレガイ科のサイズは、地質学的な環境の変化に対応して、大きくなったり小さくなったりしてきたと考えられる。

化学合成生物群集の未来

化学合成生物群集の研究は21世紀に入ってもなお発展し、世界各地で新しいコロニーの発見が相次ぎ、新たな研究手法を駆使した解析がおこなわれてきた。映像技術の進歩によっても、深海生物の生態観察の精度が飛躍的に上がり、これまで分からなかった事実が少しずつ解明されはじめている。

硫化水素やメタンなど還元的な化学物質をエネルギー源とする化学合成独立栄養の

バクテリアを体内に共生させた動物の起源さがしが進められている。化石を用いた研究から、現在の化学合成生物群集の祖先的な生物は、古生代にはすでに出現していたことが明らかになりつつあるが、起源についてはまだよく分からない。

生命が生まれたばかりの地球表面の大気は、現在のように酸素を多くふくむ大気ではなく、地球の兄弟惑星とされる金星のように大量の二酸化炭素を主成分とする大気であったと推測されている。ところが、その二酸化炭素が地質学的な作用により石灰岩の形で地殻内に封じこめられた一方、地球の表面では（海の中では）三十数億年前に出現したシアノバクテリアが酸素発生型の光合成を始めたことで、徐々に酸素濃度が増していった。先カンブリア時代の地層から産出する大量のストロマトライト（シアノバクテリア）の化石は、地球の大気を変えた酸素発生装置の化石ともいいかえられるだろう。

シロウリガイ類をはじめとした化学合成生物群集に共生するイオウ酸化バクテリアやメタン酸化バクテリアなどがおこなう〝酸化〟は、実は光合成で発生した酸素を用いている。その一方、硫化水素やメタンは酸素が少ないところによく存在する。酸素がまったくないとダメ、でも、ありすぎてもダメという微妙なところに生きるのが、これらの化学合成バクテリアである。

この特異なバクテリアは、いまでこそ一部の深海生物と「共生」して「そこそこの生態的地位」(ニッチェ)を占めているが、これから先も、同じ生存戦略をとるとは限らない。もしかすると、何かの理由で動物が死に絶えたあと、メジャーな酸素消費者として化学合成バクテリアが大繁栄するかもしれないのである。

富山湾深海で笑う、謎の生物

1900年代初頭の深海生物の生態学的な研究は、採集された標本をもとに、その生物がどのような姿で深海に棲息しているのかを推測することしかできなかった。1960年代になると、科学技術の進歩にともなって、直接、潜水船の窓越しに研究者が生物の姿を観察できるようになった。深海での生物の姿が観察されることにより、それらのユニークな姿がもつ本当の意味が少しずつ解き明かされつつある。

2000年の夏のことである。富山湾で調査船に乗っていた長沼のグループから倉持に電話があった。富山湾の深海に見たことのない不思議な生物が群集で棲息している、それらはいちように少しうつむき加減で笑みを浮かべている、採集したサンプルからホヤの仲間だろうということは分かったのだが、それが何という種類なのか教えてほしい、という電話だった。

「深海で笑うホヤ」と聞いて、倉持がすぐに思い浮かべたのが、京都大学の時岡《ときおか》隆《たかし》の著書『相模湾産海鞘《ほや》類図譜』に描かれていたオオグチボヤの図だった。

オオグチボヤは、それまで日本周辺海域では、佐渡島沖の水深200メートルと相模湾葉山沖の水深350メートルからわずか2個体が採集されていただけで、生きた姿を見たものは誰ひとりいなかった。しかし、このとき深海で観察されたオオグチボヤは、1平方メートルに10個体ほどの密度で群生しており、海底一面が白いフワフワした花畑のようだった。まるで宮崎駿《みやざきはやお》監督のアニメ「もののけ姫」に登場する「コダマ」のようだった。

そんな生き物がコロニーを作って棲息していたという話は、倉持にとって、にわかには信じがたかった。実際に、調査船上でこの生物のコロニーを発見した長沼の第一印象もまさに、「なんじゃこりゃ?」だった。

富山湾は、過去幾度となく潜水船などを用いた調査がおこなわれていたにもかかわらず、なぜ高密度で棲息しているオオグチボヤが、これまで発見されなかったのだろうか。

答えはごくシンプルなもので、そのコロニーの発見された海域が、〝奇跡的に〟調査の空白地帯でありつづけたことによる。オオグチボヤが選択して棲息している特殊な環境では、調査そのものがおこなわれてこなかったのだ。では、オオグチボヤはどのような棲息環境を選択しているのだろう。富山湾でオオグチボヤが観察された地点は、地元の漁師たちが「あいがめ」とよぶ、急峻《きゅうしゅん》な凹地《おうち》の崖（海底斜面）の上だったのである。

富山湾のオオグチボヤは発見当初、このときの調査海域にのみ棲息するのではないかと考えられたが、その後の調査で、実際は湾内のあちこちに棲息していることが分かった。ひとたび見つかると、その後の調査でも頻繁《ひんぱん》に観察されるようになった。そればかりでなく、富山湾と同様に〝深い湾〟である相模湾でも、個体数は少ないものの深海調査でしばしば見つかるようになった。

ほとんど知られていないホヤ

ホヤと聞けば、食通は酢の物を思い浮かべるだろう。これはおもにマボヤという種類で、東北地方の太平洋岸を中心に食用とされている。しかし、ひと口にホヤといっても、その多様性は高い。世界から実に2目15科2300種類ほどが報告されており、このうち日本周辺海域で記録されたものだけでも、およそ300種類におよぶ。

食用として利用されているのはそのうち数種類にすぎないのだが、ホヤを食用とする文化は古く、江戸時代の書物にすでに老海鼠、保夜、石勃卒の記述が見られる。日本ではマボヤとアカボヤがおもに食用とされているのだが、韓国ではシロボヤとエボヤが食べられている。ホヤは、生のまま刺身や酢の物などにして食べるが、本来は珍味として地元でのみ食されていた。風味にクセがあることから、好き嫌いがはっきりと分かれる酒の肴《さかな》だ。

ホヤという生物そのものは、実際、多くの種類が棲息しているにもかかわらず、一般的には、ほとんど知られていない存在である。オオグチボヤは、その特異な姿かたちが書籍やメディアで紹介されたことをきっかけに知名度が上がった例外的なホヤなのである。

動物をざっくり二分するとき、背骨の有無によって分けることがある。背骨のあるものを脊椎《せきつい》動物、背骨をもたないものを無脊椎動物とよぶ。私たち人間は脊椎動物である。ではホヤはどうだろうか。

実はホヤと人間は意外に近い生物なのである。１９８０年代頃までは、ホヤを無脊椎動物とする考えもあった。しかし、その後の研究から、ホヤには背骨こそないが、幼生期に「脊索《せきさく》」という、背骨の原型のような器官をもつことから、人間をふくむ脊椎動物に近縁な生物群であることが判明した。

現在では、ホヤ類（尾索《びさく》動物亜門）とナメクジウオ（頭索《とうさく》動物亜門）に脊椎動物を合わせた一群を「脊索動物門」とする分類が主流になっている。ホヤの仲間が尾に脊索をもつ「オタマジャクシ型幼生」をもつことや、それがそのままネオテニー（164ページ）で大人になったような「オタマボヤ」がいること、そして、ナメクジウオの成体には背中の真ん中を頭から尾まで縦につらぬく脊索があることが、1866年にロシアの発生生物学者コワレフスキーにより報告されている。この報告は、ダーウィン『人間の進化と性淘汰』（1871年）の中でも引用されており、脊椎動物の進化を解く上で大きな意味をもつとされる。

ホヤの仲間は汽水域から深海まで広範囲に分布し、岩などの基質に付着するだけでなく、浮遊生活をおこなう種類や、砂粒の間に棲息する種類（間隙《かんげき》生物）など、さまざまな生態をもつことが知られている。その大きさも、全長7メートルを超える浮遊性の群体を形成するものから、単体で20センチを超える大型のものまでさまざまであり、その形態やサイズは棲息環境に適応して多様性に富む。

しかし、ホヤがふくまれる尾索動物の研究者は極端に少ない。そのため、魚類や哺《ほ》乳類など、脊索動物の他のグループに比べて、分類や生態など基礎的な研究が大きく立ちおくれたまま、現在にいたっている。

その原因は、ホヤは、「被嚢《ひのう》」とよばれる硬い皮殻の外見からだけでは正確に分類することができず、解剖して内部の構造を詳しく調べる必要があることと、単体と群体という2つの大きく異なる生活型をもつことにあるかもしれない。とくに群体を形成する種類の個体はほとんどが大きくてもせいぜい数ミリ程度であり、解剖するにはそれなりの職人的な技術が必要だ。

ホヤ類は、多様性に富んでいるがために分類が難しく、生態の解明もなかなか進んでいない。

上を向いていると思ったら、下を向いていた

さて、深海に棲息するウナギの稚魚は、マリンスノーを食べるために上向きに口を開き、受動的にマリンスノーを集めて食べているのではないかという仮説がかつてあった。それと同様にオオグチボヤも、大きな口のように見える入水口を上に向け、落ちてくるマリンスノーをエサにしていると考えられていた。また、実際そのような生態を予想した復元図が作られ、あたかもそれが深海で観察した事実であるかのように信じられてきた。

しかし、富山湾で観察されたオオグチボヤは、どの個体も〝うつむきかげん〟で佇《たたず》んでいた。それまで考えられていたのとは正反対である。

なぜ、オオグチボヤは下を向くのか。この謎は、深海での観察結果と、採集された試料の解剖結果から解き明かされることとなった。結論からいえば、オオグチボヤは、富山湾の急峻な海底斜面を這《は》いあがってくる上昇流に向かって〝オオグチ〟（大きな口）を開き、流れに運ばれてくるマリンスノーや小さな甲殻類、有機物を受動的に摂餌《せつじ》していたのだ。

また、オオグチボヤの体の脂肪酸を分析したところ、富山湾の深海底における「食う・食われる」の関係、すなわち食物連鎖の網は、最終的にはオオグチボヤにほぼすべてが集束するということが分かった。なんと、この不思議な生き物が、富山湾では深海の食物連鎖の最終端だった。つまり、食物連鎖を通して出てくる糞や食べ残し、食べ散らかし、脱皮殻などからなるマリンスノーを食べることが結局、「すべてを食べる」ことになっていたのである。

深海の崖の上に〝うつむきかげん〟で佇む姿こそ、この生物の、控えめだがたくましい生態を反映した結果だった。

伝説のオオグチボヤの〝奇怪〟な姿

オオグチボヤは、日本海佐渡島沖の水深366メートル（原記載では200尋《ひろ》）の海底からアメリカ合衆国の海洋調査船「アルバトロス号」により採集された標本をもとに新種として発表された。ちなみに、このときの調査で同じ海域の水深960メートルで発見されたのが、冬の味覚を代表するカニのひとつ、ベニズワイガニである。

オオグチボヤの標本は、日本の生物学者である丘浅次郎《おかあさじろう》の手にゆだねられ、1918年に新種として記載された。この論文には図が添えられているのだが、そこに描かれているオオグチボヤは、まるでウルトラマンの顔のような球形の体に、大きく開いた口のような入水口をもち、オオグチボヤの特徴である細長い柄《え》の部分は、短く太く描かれている。この図から、本来のオオグチボヤの姿を想像するのは容易ではない。それほど、似ても似つかない生物に描かれている。

こんな捏造《ねつぞう》事件になりかねないような図が描かれたことには、2つの理由がある。ひとつは、アルバトロス号により採集された標本が、体の左側をひどく損傷した標本であったこと。そしてもうひとつは、標本はおそらくホルマリン固定され、かなり時間が経過してから丘のもとに届けられたことが原因ではないかと考えられる。

この図がそのまま、当時出版された北隆館の『日本動物図鑑』にも転載されたため、オオグチボヤは長い間、奇怪な姿をした生き物だと思われていた。丘の論文から35年後の1953年に出版された、前述の『相模湾産海鞘類図譜』であらためて図示されることがなかったら、富山湾で発見された生物をオオグチボヤに同定することはできなかったかもしれない。

「ガメラの卵」現わる？

当然ながら、深海に棲息するホヤは、オオグチボヤだけではない。

1998年夏、福島県常磐《じようばん》沖の日本海溝水深6000メートル付近で無人探査機の試験潜航がおこなわれた。この航海には、大映《だいえい》のスタッフも同乗していた。日本海溝の深海底の映像を映画で用いるためである。このとき撮影していたのは、日本の誇る怪獣映画「ガメラ」であった。日本海溝にガメラの墓場があり、日本に異変があると、ガメラが目覚めて日本を守りにくるというストーリーだったと記憶している。翌年上映されたこの映画の冒頭で、見覚えのある海底の様子が数カットではあるが登場していた。

さてこの試験潜航では、日本海溝の水深6000メートルから不思議な生物が採集された。泥質の海底から30センチ近い針金のようなものがニューッと突き出し、その先にピンク色をした6センチほどの楕円形の肉の塊がついているのである。遠くから見ると、海底から一定の位置で、底層流に流されることなく、まるでピンク色の丸い塊がポンポン跳《は》ねているようだった。ちょうどガメラの撮影がいっしょにおこなわれていたから、冗談でこの生物を「ガメラの卵」とよんでいた。

その奇妙な生物は、ツリガネボヤという、深海に棲息するホヤの一種であった。およそ2時間の調査で合計6個体が観察された。

海底から伸びた柄は、その先に付いた本体の重みでたわみ、無人探査機の作りだす水流で、あたかも水飲み鳥のような動きを見せていた。よく観察すると本体には2つの孔《あな》があり、ここから水を吸いこみ吐きだしている。浅海からはこのような形のホヤは報告されていないので、おそらく深海に適応した形態なのだろうが、それにしてもあまりに奇妙な姿である。

ツリガネボヤの仲間には、オオグチボヤのような群生は知られていないが、もしかしたら富山湾のオオグチボヤと同じように、ツリガネボヤの乱立する深海底の景色がどこかにあるのかもしれない。

世界最深部の寄生生物

日本海溝から採集されたツリガネボヤには、思いがけない〝おまけ〟がついてきた。正確な種名を調べるために解剖したら、ホヤの体内から小さなケンミジンコが採集されたのである。おそらくこれが、世界でもっとも深い海底から見つかった大型の（肉眼で見える）寄生生物だろう。

ホヤの仲間は、ホヤノシラミという小さな甲殻類が体内に寄生することが知られている。宿主《しゅくしゅ》となるホヤの種類に対して、それぞれ特定のホヤノシラミが寄生するのだが、ホヤの分類そのものが不明なことが多いのだから、寄生生物であるホヤノシラミの分類学的研究もそれほど進んでいるとはいえない。ただひとついえるのは、ホヤの種数とほぼ同じだけの種数のホヤノシラミが存在する可能性が高いということである。もちろんオオグチボヤからも、種名は確定されていないがホヤノシラミの寄生が記録されている。

ホヤは、海中にふくまれる有機物や微細な藻類などを入水口から海水ごと体内にとりこみ、茶漉《こ》しのような、専門的には「鰓嚢《さいのう》」というフィルターにある粘液にからめとって食べる。そう、ホヤの体はひとつの海水フィルターのようなものであり、小動物やマリンスノーなどを漉しとって食べては、粒子がほとんどなくなった海水を出水口から体外に放出する。いってみれば、お茶を淹《い》れる急須《きゅうす》やティーポットのようなもので、お湯を足すところ（入水口）とお茶の注ぎ口（出水口）があり、そのあいだにある茶漉し（鰓嚢）で茶葉（エサ）を漉しとるというしくみだ。こういう食べ方を「フィルター・フィーディング（濾過《ろか》食性）」という。ホヤはまさに、飼育水槽につける濾過装置のようなことをしているのだ。

このフィルター器官である鰓嚢のあたりにホヤノシラミは寄生し、ホヤが集めたエサを〝横どり〟する。本来、海中を浮遊する生態をもっているケンミジンコの一部のグループは、寄生という進化戦略をとり、さまざまな生物のさまざまな部位に寄生している。それは、魚の目玉や体表から、二枚貝のエラ、巻貝の胃の中などにまでおよぶ。そのひとつが、浅海から深海にまで棲息するホヤの体内ということだ。とくに単体ボヤはある程度の大きさになるので、ホヤノシラミにとっては寄生しやすいだろう。

ただ、ホヤの体内でどのように寄生者の雌雄がそうやって出会い、どんな繁殖行動をおこなっているのか、一生のうちどの時期にホヤに侵入して成長するのか、また宿主となるホヤにどういった影響をおよぼすのかなど、詳しいことはほとんど分かっていない。

深海のツリガネボヤに寄生していたホヤノシラミもまた、宿主とともに深海という極限環境へうまく適応したのであろう。しかし、海底にポツンポツンと点在する程度の個体数しかいない宿主に寄生したところで、たいした繁栄はしないだろうし、絶滅の危機だってある（宿主が絶滅したら、寄生者も絶滅するのである）。それでもホヤノシラミは、現生の生物としていまも生きている。ホヤノシラミの選択には、きっと何かすごい秘密があるはずである。いつかこの謎が解き明かされる日が来ることを望みたい。

11章　クセノフィオフォラ

——世界最大の単細胞生物

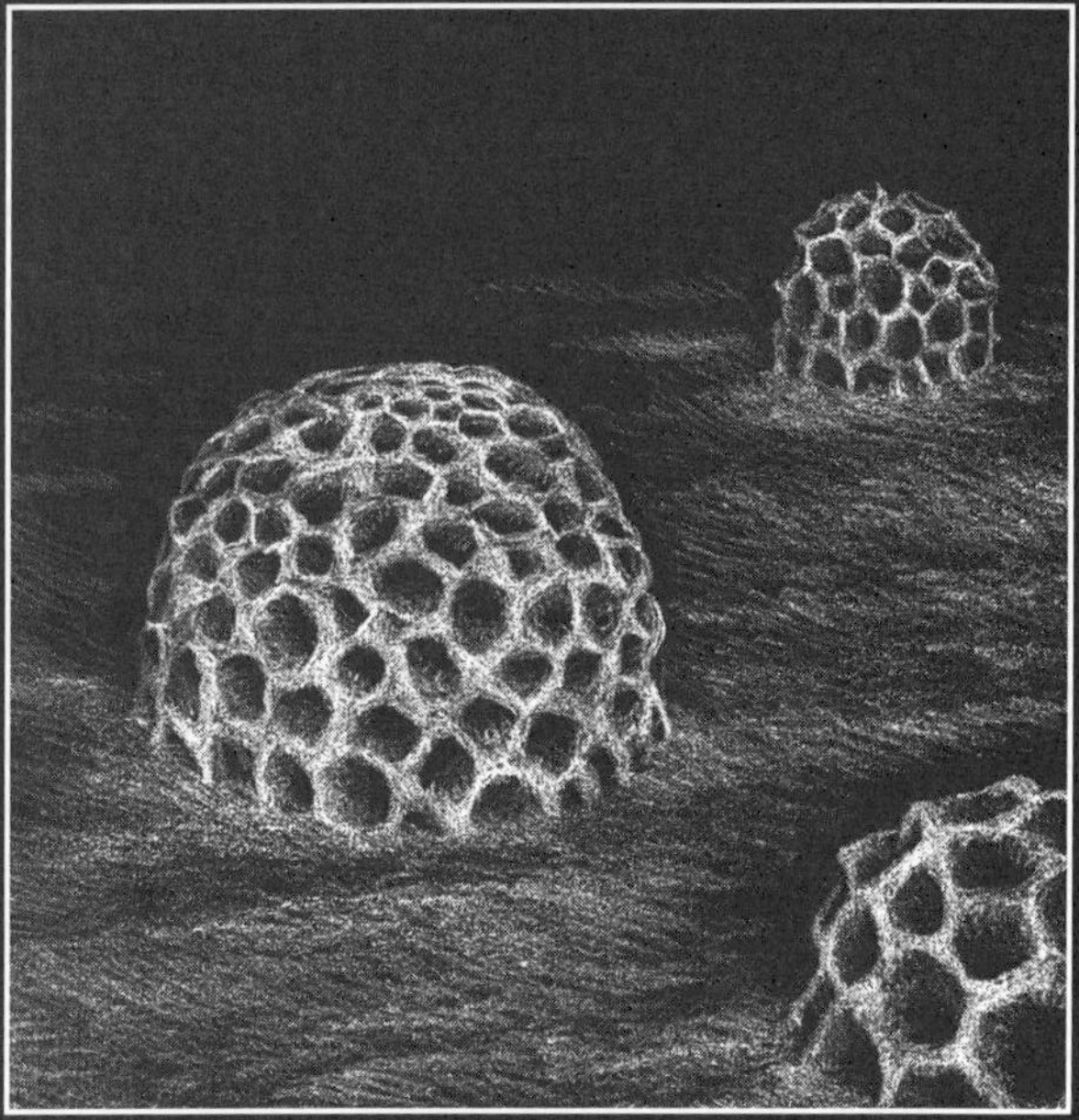

軟《やわ》らかい生物

生物を探すには、まずその生物の存在を知ることだ。たとえば、足元の土の中にいる1ミリにも満たない土壌生物は、その存在を知らなければ、一生知られないままで終わってしまう生物だろう。深海でも同じことがいえる。目に見えないほど小さなミクロの生物たちの多様性は、小さいどころか、目に見えるマクロな生物のそれを凌《りよう》駕《が》するほど巨大である。私たちが知らないだけで、そんなすごい世界が、そこに存在しているのである。

サザエ、アワビ、アサリ、ハマグリなどは、軟体動物門にふくまれる生物で、一般的に「貝類」とよばれることが多い。同じ軟体動物には、タコ類やイカ類もふくまれるが、こちらは殻をもたないので（厳密には体内にもつ種類もいるが）、「貝類」とよばれることは少ない。

ところが、ナマコ（棘皮動物門）やイソギンチャク（刺胞《しほう》動物門）までもを〝軟体動物〟だと思いこんでいる人が少なくないし、殻をもっていれば〝貝〟だと思いこんでいる人も多いだろう。殻をもつ生き物は〝貝〟、体の軟らかい生き物は〝軟体動物〟

という思いこみが、誤解を招いている。

殻をもつことは、かならずしも軟体動物の特徴ではない。本章で紹介する「有孔虫《ゆうこうちゅう》」は殻をもつ生物だが、軟体動物ではない。

有孔虫を知らなくても、「ホシズナ」（あるいは「星砂」）なら知っているという人は多いだろう。ホシズナは、沖縄の土産物屋などで小瓶に入れて売られている、その名のとおり、星に似た形をした砂のようなものである。この〝砂〟の正体は、有孔虫の一種であるバキュロジプシナという種類の殻である。生きているときは、殻の中にアメーバ状の本体があり、有孔虫の名前の由来でもある、殻の小さな孔から仮足《かそく》とよばれる糸状の体を出して動く。

単細胞生物である有孔虫と多細胞生物である軟体動物は、構造そのものはまったく異なるが、どちらも軟らかい体をもつ。この2つの生物群は、似たような石灰質（炭酸カルシウム）の殻をもつことで、軟らかい体を守るようになったと考えられる。有孔虫と軟体動物の殻の類似は、大きさこそ違えども、収斂《しゅうれん》進化の一例と思われる。

美しすぎることの罪

現在の海洋に棲息する有孔虫は、大きく浮遊性の種群と、底生性《ていせい》の種群に分類される。化石の記録から、もっとも原始的な有孔虫は、先カンブリア紀（5億7000万年前）に出現した底生性のものだったと考えられている。その後、恐竜が地球上を闊歩《かっぽ》したジュラ紀（1億7000万年前）と白亜紀（1億4000万年前）に複数回にわたり、浮遊性の生態をもつ種が分化し出現したことが遺伝子解析の結果からも分かっている。

遺伝子のランダムな突然変異と環境への適応から、有孔虫の殻は軟体動物の殻と同じくらい、いや、それ以上に多様性に富み、それこそ巻貝のような殻から、バラの花びら、ブドウやエンドウマメの房、丸、ダルマ、螺旋、星、船の舵、はじけたポップコーンなどなど、殻の形態だけでも千差万別である。

この有孔虫の殻の美しさに魅了されたドイツの著名な生物学者、エルンスト・ヘッケルは、19世紀に顕微鏡で観察した有孔虫の殻を芸術的な図版で紹介している。もっともヘッケルは、有孔虫だけでなく、放散虫《ほうさんちゅう》や珪藻《けいそう》など微細な生物の造形にも魅了され、やはり美しい図版を添えた論文を発表している。

ここに描かれた生物は、端正に整えられ、自然のもつ美をあますことなく伝えるという意味では、まちがいなく〝芸術的なできばえ〟ではあるのだが、あまりに美しすぎるため、実在するどの種に相当するのかと迷うこともしばしばあり、かえって研究の世界では混乱の原因になっている。美しすぎることの罪とは、まさにこのことなのだろう。

有孔虫の研究が何に役立つか

有孔虫の殻は、種群によりいくつかに分類される。ヘッケルが描いた多様性に富む殻のほとんどは、炭酸カルシウムによって形成されたものである。ただ、たんに炭酸カルシウムといっても、有孔虫の場合は、陶器のようなつややかな白色のものから、ガラスのように透明なものまで、これも種類によってさまざまであり、同じ炭酸カルシウムでできている軟体動物の殻と比べると、かなり様子が違う。

これまで有孔虫の研究は、化石からのアプローチがさかんにおこなわれてきた。単細胞生物である有孔虫は、進化スピードが速いので、個々の種の存在期間が短い。そのため、特定の種が存在した時代（年代）を特定するのに便利である。また、水深や水温によって特定の種が棲息することから、種組成をもとに堆積した当時の環境を復元することもできる。

有孔虫の研究は、ごく最近まで化石の研究が中心であり、生きた有孔虫の研究例は少なかった。これは、生きた有孔虫の飼育が難しいうえに、ほとんどが1ミリに満たない大きさであるため野外での生きた個体の観察も難しいからだろう。しかし、研究者たちの熱意の結果、有孔虫の生態は徐々に解明されはじめ、これまで知られていなかった、有孔虫が語る新しい世界がようやく見えてきた。

有孔虫は、炭酸カルシウムを主成分とする小さな殻をもった生物である。カルシウムの一部は海水中にあるマグネシウムやストロンチウムといった微量元素に置きかわることもある。海水中のマグネシウムやストロンチウムの量は、時代と場所でそれぞれ微妙に異なる。したがって、有孔虫の殻にふくまれているマグネシウムやストロンチウムの量を分析することにより、その有孔虫が生きていた時代、あるいは生きていた地域の海洋環境の様子を知ることができる。

同じことはまた、「炭素同位体比」という指標にも当てはまる。たとえば、同時代の地層から産出する浮遊性と底生の有孔虫の化石について、それらの殻にふくまれる炭素同位体比、とくに放射性炭素（^{14}C）の存在比を計測すると、表層と深層の海水の〝年齢〟を推定することができる。実際、深海堆積物の有孔虫化石の炭素同位体比から、最終氷期（1万7500～1万5000年前）には、現在よりも速く表層水が深層へ運ばれていたことが示唆されている。このような過去の海洋環境の変動を知ることは、未来に起こるかもしれない環境の変化を予測するのに役立つ。

世界最大の単細胞生物は、どのようにして生まれたか

有孔虫は、塩分濃度が低めの河口から、マリアナ海溝の最深部まで棲息していることが確認されている。文字どおり〝どこにでもいる〟のだが、それぞれの棲息環境は劇的に異なる。そのため水深や環境により、これが本当に同一の生物群なのかと疑いたくなるほど多様な形態の種類があるのが、有孔虫の特徴のひとつでもある。

当然のことながら、水深500メートルを超える深海底は、エサの量が浅海よりずっと少ない。しかし、この環境に適応した有孔虫も多数存在する。

そのひとつ、クセノフィオフォラ（Xenophyophore　ゼノフィオフォアとすることもある）はユニークな戦略で深海に適応した。それは、まさに逆転の発想ともいえる、「大型化」する戦略だった。一般的な有孔虫のサイズは1ミリ以下であるのに対して、クセノフィオフォラは10～20センチにも達する。有孔虫は単細胞生物であるから、クセノフィオフォラはさしずめ巨大な単細胞生物ということである。もっとも、ただ巨大化するだけでは、厳しい深海環境で生き残れなかっただろう。

クセノフィオフォラは、自分では炭酸カルシウムの殻を作らない。その代わり、周辺の砂粒などを集めて殻を作る。この殻の形は、種によっても少し異なるが、共通して表面積を大きくする樹状型やハニカム構造からなる網目型である。なぜ、このように「複雑化」したのか。それは、たまたま複雑な構造になって体表面積が増えた個体がよりよく生き延び、より多くの子孫を残せるようになったからと考えられる。これは、栄養分の乏しい深海に適応するためである。

一般に、体が大きくなるほど、体積のわりに表面積の比は小さくなる。だからクセノフィオフォラは、ただたんに大きくなるだけでは表面積比を増やせない。彼らは突然変異で大型化したものの、〝つるつる〟のままの仲間は適応できずに死に絶えた。大型化したもののうち、周りにある砂粒を使ってでも何とか殻を作ったものは、まだマシだった。さらにその中から、複雑な構造を作るものが現われると、〝表面積比競争〟に勝って、よりよく生き残り、より多くの子孫も残せる。こうして、大型化かつ複雑化の果てに、現生では世界最大の単細胞生物クセノフィオフォラへと進化したのだろう。

特殊化した単細胞

さらにクセノフィオフォラは、細胞が大型化・複雑化しただけでなく「特殊化」もしている。

クセノフィオフォラのあるものの細胞は白と黒の2色に色分けされている。しかも、それぞれの成分を分析すると、白い部分からは水銀が検出され、黒い部分からは鉛、バリウム、ウランが濃縮された状態で検出される。ふつうの単細胞生物の細胞はひとつの細胞のみからできあがっていて、細胞内にこのように色が異なる部位が存在することはない。しかし、クセノフィオフォラの細胞に関しては、単細胞でありながら、多細胞生物のように、ひとつの細胞内で区画分けしている。このような特殊化もまた深海に適応するために必要だったのだろうか。

クセノフィオフォラは、単細胞ながら大型化・複雑化し、かつ、単細胞の中で区画分けし、区画ごとに特殊化した。その特殊化はもちろん、遺伝子（ゲノム）の支配下にある。が、ひとつの細胞核のゲノムだけで、そんなにたくさんの指示を出すのはたいへんだ。そこでクセノフィオフォラはさらに「多核化」という戦略をとった。

多核化とは、細胞はひとつで単細胞のままだが、細胞核が分裂して2つ以上になることである。ふつうは細胞分裂と核分裂がシンクロするのに、ここでは核分裂しか起こらない。こうすることで単細胞のまま多核化し、区画ごとに細胞核のゲノムがそれぞれ異なる指示を出して特殊化する。こうしてクセノフィオフォラは単細胞ながら、多細胞生物のようにふるまうことができるようになったのである。

なお、私たちの筋肉細胞も多核体である。ただし、筋肉細胞の場合は、いくつかの細胞が融合した結果として多核体になったのであり、これをシンシチアとよぶ。クセノフィオフォラの核分裂による多核体とは異なるものである。

正体不明の生物

深海生物研究の黎明期である1889年、ドイツの生物学者ヘッケルは、「チャレンジャー号」が深海で採集したカイメンに関する論文を発表した。このとき角質カイメン類の一群とされた生物こそ、のちに大型の有孔虫の一種であることが判明するクセノフィオフォラである。

ヘッケルのこの報告はよく引用され、クセノフィオフォラは、当初カイメン動物として報告されたとする記述が見られるが、事実は少し異なる。ヘッケルがカイメン動物の一種としてクセノフィオフォラを記載した当時、すでにイギリスの生物学者ブレディは、この生物が大型の有孔虫であることを指摘していたのである。

しかし、ヘッケルはブレディの説に真っ向から反対し、彼が報告した深海性の大型有孔虫の一部もカイメン動物にふくまれると記述している。ブレディの報告はヘッケルの論文より早く1883年になされているので、クセノフィオフォラは、当初から〝大型の有孔虫〟として記載されていたということになる。

〝単細胞＝劣っている〟ではない

マリアナ海溝の水深1万897メートルより採集された海底の泥の中にも、有孔虫が棲息していた。この深度には、自らが殻を作るのではなく、周りにある物を集めミノムシの蓑のような殻を作る有孔虫がいる。

マリアナ海溝の海底の堆積物中には、マリンスノーとして深海に降り積もった珪藻の破片や、放散虫の遺骸が多く見られるが、ここから採集された膠着質《こうちゃくしつ》有孔虫の殻にはこのようなものはまったく使われておらず、むしろ、マリアナ海溝の深海底では少ない火山由来の灰長石《かいちょうせき》と、カイメン動物由来の骨針《こつしん》が用いられている。もともと資源に乏しい深海で、この選択性が何を意味しているのか、いまだ解明されていない謎である。

いずれにせよ、単細胞生物である有孔虫に殻の材料を選択する能力があるという事実は、大きな驚きである。人間という多細胞生物が、複雑な神経ネットワークを介して「物を選択する能力」をもつことは、さほど無理なく理解できる。しかし、それと同じ能力を単細胞生物がもっているのである。私たちが日常生活で〝単細胞〟と口走るとき、それはたいてい〝バカ〟とか〝アホ〟という文脈においてである。でも、実際の単細胞は〝バカじゃない〟ということだ。

動物が物を選択するという行動の原点は、現存するもっとも原始的なカイメン動物――いちおう多細胞生物――を個々の細胞にまでバラバラにして、他の個体の細胞と混ぜこぜにしたとき、自個体の細胞と他個体の細胞を区別できるというくらいのことと思われる。しかし、それよりも複雑に見える選択行動を単細胞生物の有孔虫はおこなっているのだ。「細胞数の多い・少ない」で生物の優劣は判断できないことの証というか、自然からの〝教え〟のように感じられる。

「目に見えないからといって、そこに生物がいないわけではない」

私たちが、何かの存在を認識するとき、「肉眼で見えること」を基準にする場合が多い。しかし、それで世界が分かるわけではない。

肉眼で見えないからといって、そこに物がないのではない。それはたんに人間の眼に映らないというだけであり、肉眼では見えないが顕微鏡なら見えるような、微細な生物の世界はあちこちに存在する。小さな有孔虫たちが作る世界も、浅海から深海にいたるまで、たしかにこの地球上に存在しているのだ。試しに海に行き、潮だまりに生えている海藻をひとつまみ採ってきて顕微鏡で見てみるとよい。有孔虫をはじめ、驚くほどたくさんの微細な生物たちが織りなす複雑な世界を垣間《かいま》見ることができるだろう。

12章　ウミユリ
――植物のような動物

動物と植物

「動物」と「植物」の違いとは、何か。簡単にいえば、何かものを食べるのが動物で、何も食べないのが植物である（何か食べる植物もあるが、ここでは例外としておく）。

食べる・食べないの違いは、細胞内に存在する小器官（オルガネラ）――もともとは外来バクテリア――の種類に関係している。オルガネラのうち、α《アルファ》－プロテオバクテリアを起源とするミトコンドリアだけをもつのが「動物」であり、ミトコンドリアおよびシアノバクテリア起源の葉緑体をもつのが「植物」である。植物が何も食べなくてよくなったのは、この葉緑体が光合成をして栄養を作ってくれるからである。

一般には、いまだにアリストテレスの時代と変わらず、運動能力をもち、食物連鎖では消費者もしくは分解者（従属栄養）にふくまれる生物を「動物」、その逆に運動能力をもたず、光合成をおこなう（独立栄養）、食物連鎖の生産者にふくまれる生物を「植物」と二分する場合が多い。

しかし、これまでの研究結果から、まず、ミトコンドリア（α－プロテオバクテリア）を細胞内にもった生物が「動物」となり、その後さらに光合成をする葉緑体も細胞内にもつようになった生物が「植物」であると考えられるにいたった。いいかえれば「動物」と「植物」は、起源を同一とする生物である。そして、葉緑体を得て、もう自分では何も食べなくてもよくなったのが植物なのである。つまり植物とは〝食べなくなった動物〟であるといってもよいのだ。

食べていくための苦労から解放されてうらやましい気もするが、逆に〝食べる楽しみ〟がないのは、かわいそうな気もする。

いくつかの誤解

相模湾の海洋調査をおこなっていたときだった。無人調査船のライトに照らしだされた深海を観察していると、モニター越しに遠くのほうで、海底からスーッと直立した1本、また1本と茎《くき》のような影が浮かび、その先にモニターに向かって開く花のようなものが見えてきた。やがて、水深100〜200メートルにかけて、陸棚斜面の崖の上にこのような風景が広がっていた。夏になると、三浦半島の陸の崖地で野生のヤマユリが咲くように、相模湾の海底の崖にはトリノアシとよばれるウミユリの仲間が棲息していたのである。

ウミユリは、姿がイソギンチャクのようにも見えることから、刺胞《しほう》動物の一種と間違われることもあるが、実際はウニ、ヒトデ、ナマコと同じ棘皮《きょくひ》動物門にふくまれる動物である。しかし、その姿はウニやナマコといちじるしく異なっている。むしろ植物の姿に似ていて、茎のような構造をもち、根のような基部で岩などに付着している。しかもあまり動かないので、たしかに植物と思われても不思議ではない。動物と植物を分ける、ひとつの特徴である「動く」という点から見れば、〝たいへん緩慢《かんまん》に動く〟動物である。

この生物をよくよく観察すると、茎の部分の断面は、種類によってやや異なるものの、ヒトデのような星形や五角形をしている。つまり、棘皮動物に共通する「五放射相称《そうしょう》」の特徴をもっている。

ウミユリの仲間は、大きくウミユリ目とウミシダ目に分けられる。このうち現生種には、成体になると茎が消失し、花のように見える冠部《かんぶ》という腕だけをもつウミシダ目が多い。その一方で、ウミユリの仲間がもっとも繁栄した古生代の化石では、茎をもつウミユリ目の種類のほうが多く、このことからウミユリの仲間を「生きている化石」とよぶ。

私たちが子どものころ眺めていた、1970~80年代に出版された古生物の図鑑には、古生代の海を再現した図が描かれていた。太古の海の様子を想像してワクワクしながらページをめくった記憶がある。絶滅した生物であるアンモナイトや三葉虫《さんようちゅう》が海底をわがもの顔で闊歩《かっぽ》する姿に混じり、たいていウミユリが描かれていた。

しかし、研究者となり、深海生物を研究するようになってはじめて海底で見た実際のウミユリ（トリノアシ）の姿は、図鑑で見た姿とは違っていた。図鑑のウミユリは、まるでチューリップのように、上向きに花のような冠部を広げていたのに対し、実際にモニター越しに見た相模湾のトリノアシは、いずれも海底の流れに背をむけ、腕を目いっぱいに反《そ》り返し開いていたのである。

それは、流れが来る反対側に口を開き、背中側に腕を反り返らせることで、パラボラアンテナのように開いた腕と腕の間にある細かい羽枝《うし》で海水中の有機物や微小な生物を集め、エサとしているのだった。ウミユリの仲間は、かつて古生代の復元図に描かれていたように上から落ちてくるエサを集めるのではなく、水流に乗ってくるエサを集めていた。したがって、花のように見える冠部の腕は、上ではなく「横を向いている」が正しい。

しかし、生きたウミユリの姿が観察されるようになったのは、１９８０年代後半以降の話である。それ以前には、標本や化石の記録をもとに、あくまでも推定図が描かれてきたのだから、間違っても無理はない。同じことは、10章で見たオオグチボヤなど深海の他の生物にもいえる。

選択か、非選択か

ウミユリはいったいどのようにエサを集めているのだろうか。海中に腕を広げたネットを張っているのだから、水流で運ばれてきた有機物や微小な生物を受動的に集めて、腕の中央にある口に運んでいると考えるのが普通だろう。

海洋では深度が増すごとに光量も減少する。したがって、光合成による生産を基点とする一次生産は、表層近くでしかおこなえない。つまり海洋においては、表層でのみ植物プランクトンの光合成がおこなわれ、海洋生態系の多くは、この植物プランクトンによる生産からスタートする食物連鎖に依存している。表層で生産された有機物は、マリンスノーなどとなって深海へ送られていく。しかし、これらの有機物は、深海へ沈降する途中で海中に漂うバクテリアによってほとんどが分解されてしまう。深海に棲む生物がありつける栄養分はきわめて少なくなる。

そんな深海に生きるウミユリの消化管の内容物を調べてみた。すると、その茎の長さと腕の本数により、摂取されたエサの大きさや種類に差が認められ、ウミユリは、エサの乏しい深海に棲みながらも、エサのサイズと種類を選んでいることが分かった。また飼育実験でも、異なるサイズのエサを与えると、サイズを選択して捕食する結果が得られている。

これまで深海で生きるためには、「食べられるものは何でも食べる」という生態こそ不可欠な原則だと思われてきた。ウミユリの仲間も「何でも食べる」（非選択）のだろうと推測されていたが、実際はサイズやエサの種類を「選んで食べる」（選択）という、意外な事実が明らかとなったのである。「何でも食べる」ことは、深海に適応するためにかならずしも必要ではないということなのだろうか。ウミユリの「選択」行動は、深海生物の生態の研究にさらなる大きな転機を与えてくれそうだ。

海のユリは、どこに咲くのか

美しいものは〝キレイ〟な環境に棲息し、その一方で、醜いものは〝キタナイ〟環境に棲息するという思いこみが存在する。童話のシンデレラなどが、そういった思いこみの戒《いまし》めとして存在している。華麗な姿から、英語でも sea lilies（海のユリ）と名づけられたウミユリは、どんな環境に棲息しているのだろうか。

2014年、私たちは、前日の荒天から一転した、弥生《やよい》の柔らかな日差しのもと、薩摩半島南端の開聞岳《かいもんだけ》沖の海上に浮かぶ「豊潮丸《とよしおまる》」の船上にいた。これは、広島大学生物生産学部の練習船である。

板張りの甲板《かんぱん》上では船員たちが、先ほど水深200メートル付近に投入したドレッジ（採集器具）を回収する作業を続けている。水深200メートルの生物を採集するには、ワイヤーはその倍にあたる400メートル以上が必要となる。船上では、この海中に繰りだしたワイヤーを巻きあげる作業が続き、研究者たちは、上がってくるドレッジにどのような生物が入っているかと心待ちにしている。海底にドレッジを着底させ、しばらく船で曳《ひ》いたのち巻きあげるのだが、この方法は、1872〜76年にかけて世界一周の調査航海をおこなったイギリスの「チャレンジャー号」の時代から、ほとんど変わりのない調査方法である。変わったことといえば、ワイヤーを人力ではなく、機械化されたウインチで巻きあげるということくらいであろう。

ドレッジ本体が海水面に上がってくると、開口部になにやら長くて白い物体がぶら下がっているのが見えた。それに気づいて、思わず「おおっ」と声が出た。ドレッジの口に引っかかったまま、一匹のイボウミユリが私たちの目の前まで引き上げられたのである。

海水を満たしたバケツにとったばかりの獲物を入れた。長さ30センチ近いイボウミユリにとって、いままで棲んでいた広大な海底平原に比べ、小さなバケツの中はさぞかし窮屈だろう。バケツの中で動かずにいたが、深海のユリの花びらが開くように巻き枝をひとつまたひとつと開きはじめたのは、それから間もなくのことだった。

人間の動きに比べれば、えらく緩慢な動きである。しかしこれが、太古から深海底で生きながらえたウミユリたちが、多くのエサを必要としないかわりに獲得した、エネルギーを極力消耗しない動き方なのか――そう思うと、感動を覚えずにはいられなかった。

イボウミユリとともに引き上げられたドレッジからは、大量の砂泥が採集された。ドレッジは、海底にそって曳く小型の底引網のようなものなので、基本的には泥底や砂底でしか使用することができない。ここでふと疑問が頭をよぎった。ウミユリは岩礁に固着して棲息する。しかし、岩礁のあるところでドレッジを曳くと、岩場に引っかかり、回収できなくなってしまう。ウミユリをこの方法で採集するのは難しいのである。では、このイボウミユリは何に固着していたのだろう。

その答えは、採集された砂泥の中にあった。砂泥をふるいにかけ、生物を選別する。これも「チャレンジャー号」の時代と何ら変わらない手作業である。貝殻やカニなどの生物がつぎつぎと泥の中から姿を現わす。まるで宝さがしのような作業である。

作業をしばらく続けると、泥の山からジャージ編みの〝布の切れはし〟が出てきた。それを引き出し、洗い流す。このときの脳裏には、「もしかして」という予感があった。はたして布の切れはしの上には、かすかな痕跡が残っていた。イボウミユリは、海底に落ちた布切れを付着基質として棲息していたのである。

これとよく似た例は過去にもあった。１９９１年に日本海溝の海底亀裂の底でマネキン人形が発見されたときにも、その頭にウミシダが付着していた。

世界各地の深海底で、予想以上に人間の影響がおよんでいることが、調査船の活動によって分かりはじめてきた。そのひとつが、この「海ゴミ」の問題である。深海底には、空き缶、ビニール袋、プラスチック容器などだはいうまでもなく、それこそタイヤ、便器、冷蔵庫、テレビなどなど、ありとあらゆる人工物が沈んでいる。そして、それら人工物を深海生物は利用している。深海に落ちたテレビはオオグチボヤがその棲息基質とし、タイヤは深海ダコの巣として利用され、ビニール袋や紙おむつの繊維のすき間は、有孔虫など微細な生物たちの新たな棲息環境となっている。そこには、これまで存在しなかった新しい生態系が形成されている。

ウミユリは本来、棲息できないはずの泥底や砂底でも、私たちが出したゴミを基質とすることにより、新たな棲息環境へ進出できた。「ゴミから生まれる生態系」というと、あまりいい気がしないのは、私たち人間の感覚にすぎない。生物の視点からは、棲息環境の拡大というメリットを与えている。環境を攪乱《かくらん》することは、生物学的には必ずしも悪いことともいい切れない。

私たち人間はながらく「都合がよいか、悪いか」、あるいは「好きか、嫌いか」——そんな表面的な利害やイメージが判断基準となってしまっているのだが、人間の基準が必ずしも普遍的ではないことを深海に咲くウミユリたちが教えてくれているのかもしれない。

おわりに

子供のころ、石の下などにいるオカダンゴムシを掌《てのひら》に乗せ、つついて体を丸くさせた記憶をもつ方も多いと思う。いまでも子供たちのよき遊び相手である。そんな身近な存在のオカダンゴムシだが、実は近世以前の日本には棲息していなかった外来生物である。明治時代初期にヨーロッパからバラなどの園芸植物とともに日本国内にもちこまれた可能性が高い。古い文献には、横浜の園芸植物を育てる温室の近くからのみ採集されたという記述がある。

日本には、もともと別のダンゴムシの仲間が棲息している。それなのになぜ、オカダンゴムシばかり目につくのだろう。在来のダンゴムシが小さく、目につきにくい存在だということもあるが、外来種であるオカダンゴムシは、在来のダンゴムシと比較したときに、乾燥に対する耐性、効率的な繁殖様式、捕食の生態がまさっていた。

オカダンゴムシが1種類存在することにより、落ち葉などの分解速度は、それが移入する以前の環境に比べて速くなっている（厳密にいえば、いま私たちの身近に見られるダンゴムシのほとんどは外来種である）。それによって分解者の生物相も、その速度に適応した種類の組成に変わってくる。いま私たちが「身近な自然」だと思っている環境は、このように変化したのちの環境なのである。

環境の変化は、私たちの〝言葉〟にも影響する。オカダンゴムシが移入する以前の日本で〝ダンゴムシ〟と呼ばれていたのは、砂浜に棲息するハマダンゴムシであった。その当時、珍しい存在であったオカダンゴムシは「テマリムシ」と呼ばれていた。それがいつの間にか、個体数が爆発的に増えたオカダンゴムシが〝ダンゴムシ〟となり、砂浜の環境が変化して個体数が減少傾向にあるハマダンゴムシのほうが、忘れられつつある存在になっている。

深海と陸上――まったく違う世界のように思われるかもしれない。しかし、陸上の生態系は、河川の「水」を介して沿岸域の生態系とつながっている。沿岸域の生態系は、外洋の生態系につながり、やがて深海へつながる。そして、これらの環境すべてに、ダンゴムシの仲間である等脚目が多様に適応して棲息しているのだ。これらが、それぞれの環境でどんな役割をになっているのかは、二次元の情報からだけでは知りえない。それを知ることではじめて、これらの生物の真の姿を理解したといえる。

私と長沼さんがはじめて出会ったのは1993年11月、駿河湾沖に浮かぶ調査船「なつしま」の船上だったと記憶している。この調査航海の主席だった故服部陸男さんの船室で、夜遅くまでみんなで雑談をしていたことを覚えている。ふと気づくと、長沼さんの姿がない。船内を探してみると、ひとり黙々と深夜のラボで採集したサンプルと向かいあう姿があった。

その後、おたがい紆余曲折《うよきょくせつ》の人生を歩みながらも、沖縄県の久米島《くめじま》、瀬戸内海、京都府北部の宮津《みやづ》湾、薩摩硫黄島《さつまいおうじま》など、あちこちに調査と称して、ご一緒させていただいてきた。研究手法も興味の対象も、まったく違うふたりではあるが、なぜか気づくと着かず離れずの距離で研究を続けている。おたがい研究者として根本にもつものが同じなのだろうと、私は勝手に理解している。

本書の執筆にあたり、多くの研究報告を引用させていただいた。紙面の都合でここにすべてをあげることはできないが、深く感謝を申しあげたい。広島大学生物生産学部附属練習船「豊潮丸」の船員のみなさんをはじめ、これまでにお世話になった多くの方々にお礼を申しあげる。元横須賀市自然・人文博物館の蟹江康光さん、本書の完成を待たずに他界された元海洋開発研究機構の服部陸男さんのおふたりには、私と長沼さんの出会いの機会をつくっていただいた。彼らがいなかったら、おそらく本書は存在しなかっただろう。私たちの無謀な調査計画の調整役をいつも負ってくださる広島大学の厚井晶子さん、各章トビラに生き生きとした深海生物の挿絵を描いてくださった北村雄一さんには、執筆にあたり色々とアドバイスをいただいた。最後に、本書の原稿の細部にまで目を通し、適確なコメントをくれた妻　敦子、そして、右も左も分からないまま始めた無計画な研究者人生を何もいわずに見守りつづけてくれた両親に心より感謝したい。

倉持卓司《くらもちたかし》

2015年1月

切りとり線

★読者のみなさまにお願い

この本をお読みになって、どんな感想をお持ちでしょうか。祥伝社のホームページから書評をお送りいただけたら、ありがたく存じます。今後の企画の参考にさせていただきます。また、次ページの原稿用紙を切り取り、左記まで郵送していただいても結構です。

お寄せいただいた書評は、ご了解のうえ新聞・雑誌などを通じて紹介させていただくこともあります。採用の場合は、特製図書カードを差しあげます。

なお、ご記入いただいたお名前、ご住所、ご連絡先等は、書評紹介の事前了解、謝礼のお届け以外の目的で利用することはありません。また、それらの情報を6カ月を越えて保管することもありません。

〒101-8701（お手紙は郵便番号だけで届きます）
祥伝社新書編集部
電話03（3265）2310
祥伝社ホームページ　http://www.shodensha.co.jp/bookreview/

★本書の購買動機（新聞名か雑誌名、あるいは○をつけてください）

＿＿＿＿新聞の広告を見て	＿＿＿＿誌の広告を見て	＿＿＿＿新聞の書評を見て	＿＿＿＿誌の書評を見て	書店で見かけて	知人のすすめで

★100字書評……超ディープな深海生物学

名前

住所

年齢

職業

長沼毅　ながぬま・たけし

1961年、三重県四日市市生まれ。ただし４歳から神奈川県大和市で育つ。専門分野は、深海生物学、微生物生態学、系統地理学。キャッチフレーズは「科学界のインディ・ジョーンズ」。海洋科学技術センター（JAMSTEC、現・海洋研究開発機構）勤務を経たのち、広島大学大学院生物圏科学研究科准教授。筑波大学大学院生物科学研究科修了・理学博士。著書は、『深海生物学への招待』『死なないやつら』『生命とは何だろう？』『形態の生命誌 なぜ生物にカタチがあるのか』など多数。共著に、『深海生物大百科』『地球外生命―われわれは孤独か』などがある。

倉持卓司　くらもち・たかし

1973年、神奈川県横須賀市生まれ。葉山しおさい博物館学芸員。専門分野は、海洋生物学。横須賀市立横須賀高等学校卒業。『ナマコ学―生物・産業・文化―』に分担執筆。

超《ちょう》ディープな深海生物学《しんかいせいぶつがく》

長沼《ながぬま》 毅《たけし》　倉持卓司《くらもちたかし》

2015年２月10日　初版第１刷発行

発行者……………竹内和芳
発行所……………祥伝社しょうでんしゃ
〒101-8701　東京都千代田区神田神保町3-3
電話　03(3265)2081(販売部)
電話　03(3265)2310(編集部)
電話　03(3265)3622(業務部)
ホームページ　http://www.shodensha.co.jp/

装丁者……………盛川和洋
印刷所……………萩原印刷
製本所……………ナショナル製本

Printed in Japan　ISBN978-4-396-11397-1　C0245